能源转型与技术创新丛书

海底电缆工程
勘察设计

浙江舟山海洋输电研究院有限公司　组编

中国电力出版社
CHINA ELECTRIC POWER PRESS

内 容 提 要

在广泛实地调研的基础上,浙江舟山海洋输电研究院有限公司组织相关专家系统地总结了海底电缆工程勘察设计的核心内容,包括海底电缆工程勘察设计概述、海底电缆路由选择、海底电缆路由勘察、海底电缆选型、海底电缆附件选型、海底电缆敷设与保护方式设计、海底电缆在线监测设计等。

本书可供从事海底电缆勘察设计、海底电缆敷设等工作的技术人员、管理人员使用,也可作为高校参考用书。

图书在版编目(CIP)数据

海底电缆工程勘察设计 / 浙江舟山海洋输电研究院
有限公司组编. -- 北京:中国电力出版社,2025. 3.
(能源转型与技术创新丛书). -- ISBN 978-7-5198-9802-
1

Ⅰ. TM248
中国国家版本馆 CIP 数据核字第 2025AS0300 号

出版发行:中国电力出版社
地　　址:北京市东城区北京站西街 19 号(邮政编码 100005)
网　　址:http://www.cepp.sgcc.com.cn
责任编辑:罗　艳　王梦琳(010-63412324)　高　芬
责任校对:黄　蓓　张晨荻
装帧设计:张俊霞
责任印制:石　雷

印　　刷:三河市航远印刷有限公司
版　　次:2025 年 3 月第一版
印　　次:2025 年 3 月北京第一次印刷
开　　本:710 毫米×1000 毫米　16 开本
印　　张:15.75
字　　数:266 千字
印　　数:0001—1300 册
定　　价:99.00 元

•本书编写组•

主　　编	张　磊	郑新龙			
副主编	沈佩琦	何旭涛	李世强	乐彦杰	冯　宾
编写人员	林晓波	闫循平	高玲玲	丛　赟	周琛皓	龚永超
	周健科	徐良军	李　震	张志刚	公言强	高　震
	胡　凯	敬　强	马兴端	孙　璐	施　旭	于锦程
	谢　龙	李　渊	黄孔阳	雷之楮	石　筱	徐海宁
	沈清野	张振鹏	黄寅茂	张　浩	黄清保	李雄峰
	唐兴佳	李绍斌	彭　勇	周　海	尹新剑	王亚东
	于嵩松	曾二贤	陈科新	朱付志	李海堂	周　旦

序 Preface

　　在国家和地区的低碳转型发展战略中，能源是主战场，电力是主力军。为实现"双碳"目标，需要深度理解能源电力低碳转型的重要地位，以及其在能源电力转型过程中技术创新所扮演的重要角色。电气行业的技术创新，无论是围绕清洁低碳高效火电及先进的可再生能源发电，还是围绕核电、电力系统及数字化，都需要做一些持续的努力和提升。

　　2024年中央经济工作会议强调，要"建设现代化产业体系，更好统筹发展和安全""协同推进降碳减污扩绿增长，加紧经济社会发展全面绿色转型"，体现了国家低碳转型发展的决心和思路。国家电网有限公司深入贯彻落实中央经济工作会议精神，统筹发展和安全，坚持统一调度、协同联动、创新赋能，健全电网稳定管理体系，完善电力安全治理措施。围绕高水平安全保障新型电力系统高质量发展，支撑建设新型能源体系和实现"双碳"目标，国家电网有限公司大力加强科技创新研发部署和成果推广应用，体现了大国央企的重要作用与担当。

　　近年来，各省市（地）电网公司始终响应国家号召，践行国家电网有限公司发展新理念，紧跟电力发展趋势，在能源转型与技术创新领域，积淀了一系列有价值、可推广的成果，为总结这些先进经验，多家电企单位从自身高端技术领域出发，围绕新能源、海底电缆、无人机、智能电网等多个专业，编写"能源转型与技术创新丛书"（简称"丛书"），丛书各专业分册以技术创新为主线，或集中攻坚个别领域，或深度探讨管理变革，或多角度分析电力行业产业融合，旨在能源变革新形势下将电力行业研发、生产、管理、服务全流程贯穿一体，推动资源从局部优化向全局优化升级。

以科技创新推动能源转型是贯彻新发展理念的内在要求，也是以能源高质量发展支撑实现中国式现代化的战略选择。在全球经济增速放缓、地缘政治冲突加剧的外部环境影响下，电力行业作为国家支柱之一，必须打好新型能源体系关键核心技术攻坚战，以科技创新推动能源转型，保障国家能源安全，应对全球气候变化，共建清洁美丽世界。

丛书的编写与出版是一项系统工作，汇聚了全行业专家的经验和智慧，各分册编写组遵循应用牵引、价值驱动、生态优化的原则，加强技术突破，创新思路举措，凝练了一系列经验，力图促进电力行业高质量发展。希望通过我们对各方面前沿研究和最新实践的持续总结和分享，能够对推动中国完成"碳中和"的总要求起到更加卓有成效的推动促进作用。

国网能源研究院　　原副院长

前　言 Foreword

　　海底电缆敷设工程的成功是先进技术支撑的结果，其中对海底电缆工程进行施工前的环境勘察和运维期海底电缆的检测，需要多种仪器设备，且需要对海底电缆及其周围海域的环境、水深、地质情况进行勘测。为有效地管理、展示这些数据，浙江舟山海洋输电研究院有限公司（简称"舟山局"）展开多方面研究，通过多源数据的分析与融合，研制出多种管理方法并构建系统，有效提高了海底电缆运维管理部门的管理水平，为海底电缆安全状况的科学评估提供了有效信息，并使相关工作人员能对所管辖海底电缆的海底环境、风险点、障碍物等有更加直观的理解。在此背景下，舟山局对海底电缆工程勘察设计的一系列成果进一步提炼总结，开发《海底电缆工程勘察设计》一书，针对性地补充海底电缆工程勘察设计的专业内容，为海底电缆设计、施工、运维提供强有力的服务。

　　本书共 7 章，系统性总结海底电缆工程勘察设计的数据采集与展示技术、技术理论和管理方法等。第 1 章，概述，指出海底电缆工程建设的特点及海底勘察设计的总要求；第 2 章，海底电缆路由选择，主要介绍路由预选的相关工作；第 3 章，海底电缆路由勘察，从地形测量、水文环境等几个方面展开论述；第 4 章，海底电缆选型，从海底电缆载荷、海底电缆载流量、海底电缆绝缘、海底电缆护层等几个方面介绍；第 5 章，海底电缆附件选型，包括海底电缆终端、海底电缆接头、充油海底电缆供油系统设计；第 6 章，海底电缆敷设与保护方式设计，集中阐述保护原则与保护设计；第 7 章，海底电缆在线监测设计，介绍海底电缆系统监测、通道监测、综合监测等。

　　随着科技的进步和海洋开发的深入，海底电缆行业正迎来前所未有的发展机遇，但海底勘察设计在目前成就的基础上，仍然面对海底地形复杂多变、海洋环境恶劣、海洋生物影响等问题，海底电缆敷设需要更高精度的定位、导向和监控技术，以确保电缆的铺设精度和安全性。何以铺就"海底两万里"，需要海底电缆勘察技术持续升级，不断突破。

本书凝聚了编写组及相关海底电缆专家的智慧，也得到相关组织及厂家的大力支持，尤其宁波东方电缆股份有限公司、长缆科技集团股份有限公司在技术提供与编写进程的推进上，给予了关键性的协助，在此一并致谢！由于时间仓促和技术的不断更新，本书难免存在疏漏与不足之处，诚恳希望广大读者提出宝贵意见。

编　者

2025 年 3 月

目 录 Contents

1

概　　述

　　电网互联是实现能源优化配置，提高电网运营经济安全和供电可靠性的必然结果。海底电缆工程建设是实现跨海域电网互联的重要措施。

　　从世界范围来看，洲际电网互联、区域电网一体化的趋势已逐渐形成，特别是在欧洲地区，海底电缆的独特技术优势使得其在洲际电网互联中起到了关键作用。随着洲际电网互联的加深，对海底电缆的电压等级、海底电缆的敷设施工技术、海底电缆的路由规划均提出了新的需求和新的挑战。中国也是海洋大国，沿海大陆架海底蕴藏着丰富的海底油田和石油天然气，具有经济开发价值的岛屿有 5000 多个，将海岛电网与大陆电网连接是走向海洋经济的基础。海岛间以及与大陆电网连接的工程建设主要涉及海洋电力输送工程技术、海底电缆工程技术、海洋工程装备技术、海底电缆制造技术的水平。

　　海底电缆工程路由勘察是海底电缆工程建设前期的重要环节，工程路由的海洋勘察承担着海底扫描、海底取样、海床地质和地貌的浅层物探、浅层钻孔、海况调查等工作，通过这些方式，找出一条安全、经济的路由廊道。由于海底电缆要跨越复杂的海床地形、地貌，维护的成本高昂，为了确保海底电缆安全运行，需要海底电缆工程的本体设计可靠，都必须依赖工程建设前期的海洋勘察数据。海洋勘察工作具有重要性和复杂性，海底电缆工程路由勘察在开展海洋物理勘探的同时，要综合考虑与海洋特性、海洋规划、通航要求、海洋环境、海洋法律等紧密结合。

》 1.1 海底电缆工程建设特点与影响因素 《

海底电缆工程的建设，受地域建设、海洋工程、施工设备等条件的限制，工程建设涉及技术领域广泛，投资规模较大，施工技术复杂。工程建设期间分为两个阶段：施工前期主要有海底电缆路由选择、海底电缆路由勘察、工程本体设计、海底电缆制造及运输等内容，工程施工期间主要有海底电缆路由定位、海底电缆敷设、海底电缆保护、陆地设备安装、检测与调试、工程验收等内容。其工程建设管理主要有工程前期技术管理、海底电缆建设工程管理、海底电缆建设工程监理、海底电缆建设工程施工管理、海底电缆工程系统调试、海底电缆工程建设综合风险管理、海底电缆建设工程验收与评价等内容。

海底电缆工程设计的难点主要是海底电缆路由选择设计、海底电缆的选型设计、海底电缆敷设及保护设计。海底电缆路由选择设计与海洋环境有着密切的联系。海洋环境的研究在近年取得显著的进展。随着海洋环境研究的不断深入，海底电缆的敷设设计将能够更好地应用海洋环境中的有利条件、避开不利条件，提高海底电缆工程设计的科学性、经济性及可靠性，延长海底电缆的使用寿命。跨海海底电缆的型式选择应在此基础上，结合工程的电力系统条件，设计研究及校核计算不同绝缘材料海底电缆的截面选择、电缆载流量、绝缘配合方案及它们的技术经济比较。

1.1.1 海底电缆工程建设特点

海底电缆工程建设涉及技术领域广泛，投资规模较大，施工技术复杂。施工的前期准备、海底电缆过驳、海中段敷设、登陆段施工以及海底电缆保护都是海底电缆施工的重点，也是海底电缆工程建设的难点。海底电缆的敷设施工是指将海底电缆布放、安装在设定的路由上，以形成海底电缆线路的过程。海底电缆敷设前需要综合考虑路由环境、相关方影响、水文气象条件。敷设设备一般为专用海底电缆敷设系统。海底电缆敷设施工涉及水上和水下作业，技术难度大、风险高，对敷设人员的技术水平要求较高。

海底电缆的敷设是一项巨大的、复杂的工程，主要包括电缆路由勘查清理、海底电缆敷设与冲埋保护等三个阶段。中国国内的舟山启明海洋电力工程公司、广州电缆技术服务公司等已开展过大规模海底电缆敷设工程，同时国内主要的电缆制造商在寻求第三方敷设的同时也开始建设自己的施工队伍装备，中天科技、宁波东方等都已建成较大规模的海底电缆施工团队。海底电缆的生产、制造、敷设和施工的技术已不再被国外大公司所垄断，国外能开展大型海底电缆作业的国外生产、敷设联合体企业有普瑞斯曼、耐克森、LS 等，其在国内的市场份额也越来越少。

海底电缆生产、敷设与维护已形成标准化作业，海底电缆关键技术是大长度海底电缆内外屏蔽及绝缘无缺陷挤压、三芯成缆、软接头及光电复合光纤单元结构研究。国内电缆及配套企业，目前在海底电缆产业链上游的电缆绝缘材料、生产设备、加工工艺技术，下游的安装敷设、海底电缆保护施工、海洋工程技术，基本都实现了突破。除少数高端电缆绝缘料被国外制造商形成垄断外，中国的海底电缆产业链，发展国产化之路已具备国际竞争能力，当前的国内外海底电缆工程建设的发展机遇也给国内企业赶超世界先进水平提供了难得契机。

1.1.2　海底电缆工程建设影响因素

海底电缆工程建设，要面对海洋环境的复杂多变。如工程要承受台风（飓风）、波浪、潮汐、海流、冰凌等的强烈作用，在浅海水域还要承受复杂地形以及岸滩演变、泥沙运动的影响。温度、地震、辐射、电磁、腐蚀、生物等海洋环境因素，可能对海底电缆工程建设产生颠覆性影响。因此，进行海底电缆线路工程建设和保护外力分析时，要考虑各种动力因素的随机特性及变化规律。在海底电缆保护计算中考虑动态问题，在基础设计中考虑周期性的荷载作用和海底地质的不定性，在海底电缆制造材料选择上考虑经济耐用等都是十分必要的。同时，对工程建设安全程度的严格论证和检验是必不可少的。

1. 海底电缆工程建设的水文影响

海底电缆工程建设有关的水文影响，包括海水流动（波浪、潮汐、洋流、风暴潮等）、海水物理性质（温度、盐度、密度等）以及其他水文现象（泥沙运动、冰凌等）。它们的变化规律和计算模型方法等，都是工程建设的影响因素，为规划与设计工程本体、研究工程运行后条件的影响提供基础数据。

海底电缆工程水文研究的范围，目前主要在海岸带和近海。浅海区域的海洋水文条件十分复杂，工程建设困难很大。其中海底电缆浅滩保护、防浪掩护、泥沙淤积等，成为建设中需要解决的技术问题。例如，潮汐引起的海面周期性升降幅度一般为几米，最大达十几米；风暴引起的海浪最高可达 5～6m；海啸引起的异常增水值可达 10m 以上，甚至几十米。在确定海底电缆终端站设计高程时必须予以考虑。通过现场观测和理论分析，研究潮汐、风暴潮、海啸的变化规律，可获取平均海平面与深度基准面的最高潮位、平均大潮高潮位、平均大潮低潮位、最低潮位等各种特征潮位，风暴增减水值、海啸的海水高度和周期等积累材料。这些资料将对海底电缆工程建设产生影响，也是工程设计的基本参数。

2. 海底电缆工程施工的海浪影响

波浪环境影响是海底电缆工程建设突出的动力因素，因此，施工期必须首先确定波浪要素及其尺度，通过波浪理论研究建立波要素（波长、波速、波周期）和水深之间的内在联系，揭示波浪质点运动、压力变化等基本规律。通过风浪资料的统计分析，建立波要素与风要素（风速、风时、风区）之间的关系，揭示风波的统计特征，研究风浪的推算方法。研究波浪传入近岸浅水区内的变化，波浪折射、破碎、绕射、反射的机制，探求波浪变形后波要素变化的计算方法。在进行科学研究和海底电缆工程设计时，采用某种特征波要素，如有效波高、平均波周期或其他特征波要素作为依据。

▶ 1.2　海底电缆工程勘察的目的、要求与内容 ◀

勘察设计工作，是工程建设中的基础工作，历来有勘察设计是工程建设的先导和灵魂之说。工程项目的质量目标是通过设计使其具体化，并作为施工的依据。勘察设计工作质量如何，不仅决定着工程质量、安全可靠程度、造价和环境效益，还决定了项目的使用价值和功能。对工程勘察设计质量严加控制是实现项目质量目标和提高质量水平的重要保证，机械化施工应对勘察设计提出更新的要求。

海底电缆工程施工质量的优劣，直接影响着后续运行与维护的难易程度与费用支出。海底电缆勘测作为海底电缆工程的基础保障，是海底电缆敷设施工的重点，也是海底电缆工程建设的难点之一。同时，随着水下管线及涉海作业日渐增多，海底管线相互之间的影响、船舶抛锚对管线的影响、海床底质运动对埋设管线的影响及浅埋海底电缆所面临的潮流潮汐等海洋动力因素的影响，都需要通过高质量的海底电缆线路勘察作业来提高海底电缆路由设计的合理性。海底电缆勘察的成果质量直接关系到工程设计、施工和运维全寿命周期需求。

1.2.1　海底电缆工程勘察目的

做好海底电缆路由的地形地貌勘察、海底底质勘察、海底电缆本体位置勘察和水文勘察几个方面的工作,将会是今后海底电缆系统安全运行的最重要保障。

（1）水深和地形以及海底障碍物勘察可以为海底电缆的工程路由选址提供科学依据。

（2）海底浅部地层的结构特征、空间分布及物理力学性质勘测可以为海底电缆工程的施工挖沟机等设备的选取提供依据。

（3）海底电缆本体位置勘察可以明确海底电缆最终位置,作为向海洋管理部门报备和在海图上划定保护区的依据。

（4）海洋水文气象动力环境勘测有利于为海底电缆工程的施工船以及海底电缆的敷设稳定性提供基础资料。

1.2.2　海底电缆工程勘察要求

（1）近海勘察船应能适应 2 级海况或蒲氏风级 3 级条件下作业,远海勘察船应能适应 4 级海况或蒲氏风级 5 级条件下作业。勘察船能保持 5kn 以下航速工作,能满足路由调查对导航定位、安全、消防和救生、通信、供电、设备安装与收放、实验室工作等方面的要求。

（2）勘察仪器设备的技术指标应满足勘察项目的要求,应在检定、校准证书有效期内使用,并处于正常工作状态。无法在室内检定校准的仪器设备,应与传统仪器设备进行现场比对,考察其有效性。仪器设备的运输、安装、布放、操作、维护,应按其使用说明书的规定进行。

（3）采用几种勘察方法同步作业时应统一定位时间和测线、测点编号。因故中断测量或同一测线分次作业,则要按同一方法进行补测,并重叠 3 个定位点以上。

（4）实施全过程质量控制,对海上获取的样品等原始资料需要进行现场检验的则现场检验,需要另行安排检验的则另行安排,对未达到技术要求的,需要进行补测或重测,并对样品的分析、测试和资料的处理结果进行质量检查。

1.2.3 海底电缆工程勘察内容

（1）路由勘察时应收集路由区的地形地貌、地质、地震、水文、气象等自然环境资料，尤其要收集灾害地质因素资料，如裸露基岩、陡崖、沟槽、古河谷、浅层气、浊流、活动性沙波、活动断层等。

（2）地球物理勘察时应收集水深、底质等资料，并在此基础上识别和确定底质类型及分布，海底灾害地质因素，海底目标物的位置、形状、大小和分布范围。

≫ 1.3 典型海底电缆工程勘察设计示例 ≪

海底电缆工程是被公认的建设难度大、技术最复杂的工程，而且每个海底电缆工程之间的建设条件差异巨大，没有完全统一规范的方法，因此有必要参照分析世界上已运行的同类型海底电缆工程建设过程及工程设计参数。此处介绍国内外重要的海底电缆工程在工程建设过程中的技术细节。典型海底电缆工程示例见表 1-1。

表 1-1 典型海底电缆工程示例

序号	工程名称	经验参考	代表意义
1	摩洛哥—西班牙 400kV 电力联网工程	线路设计、路由设计	欧洲、非洲两大陆第一个电力联网工程
2	加拿大本土—温哥华岛 500kV 交流海底电缆工程	海底电缆结构设计、海底电缆在线监测	世界上第一个 500kV 交流联网工程
3	日本 Kii 海峡±500kV 直流海底电缆工程	海底电缆保护	亚洲地区特别是日本具有代表意义的工程
4	中国海南 500kV 交流联网工程	高压海底电缆工程建设	世界上电压等级最高、单根电缆最长、输电容量世界第二的交流海底电缆项目
5	中国浙江舟山 500kV 海底电缆工程	海底电缆主绝缘设计、铠装设计	世界首条交联聚乙烯绝缘的超高压海底电缆线路

1.3.1 摩洛哥—西班牙 400kV 电力联网工程

摩洛哥—西班牙电力联网工程实现了马格里布电网与欧洲电网的连接，是欧洲、非洲两大陆第一个电力联网工程。该工程在海底电缆敷设路由、交直流选择、电缆结构尺寸选择、电压选择、路由设计以及环境保护等方面的为后续其他海底电缆工程的建设提供了参考。

摩洛哥—西班牙电力联网工程于 1993 年 12 月开工，1997 年 7 月末竣工，1997 年 8 月经调试后投入运行。敷线方案确定在西班牙—摩洛哥的海底电缆，路由长 26km，宽 2km，最深处力 615m。选择的海底电缆导体材质为铜，圆管型，截面积为 800mm²，中空部分直径 24mm，用于注油；其绝缘体厚 25.4mm，由一种电缆专用纸做成，交、直流电均适用；铅套厚 4mm，铅套外包一层薄青铜保护带及聚乙烯保护套。正常运行状态下，摩洛哥—西班牙电力联网的输电能力为 700MW，特别情况下，输电能力可提高至 900MW，可持续 20min 时间。输电使用的电压 400kV。

摩洛哥与西班牙的第一期联网工程竣工后，摩洛哥与西班牙二次联网工程工期年限为 2003—2006 年，工程耗资 1.15 亿欧元，海底电缆有 3 根，另有一根备用电缆；每根交流海底电缆 400kV，42kg/m，海底电缆总长 31.3km。西班牙着陆段长为 2km；摩洛哥着陆段 0.25km。路径跨越直布罗陀海峡，连接摩洛哥与西班牙。

海底电缆路由采用平行敷设，每根间距 10m；冲埋沟渠 2.5m 宽、2m 深；海底电缆接头共有 12 个，每 410m 一个；最大水深 620m。附有两根通信电缆，每根有 48 根光纤，用作信息和数据传输。海底电缆温度监控系统采用分布式温度测量系统（DTS）通过附带在海底电缆上的光纤电缆作为温度感应器，DTS测量到海底电缆的表面温度，根据 IEC 60287 计算导体温度，则测算出的导体温度将在 DTS 电脑屏幕上显示出来。

海底电缆两根由意大利的普瑞斯曼电缆公司（Prysmian）制造，另一根由挪威的耐克森公司制造。海底电缆的敷设工程，由专业敷设施工船 Giulio 号完成，而耐克森公司生产的海底电缆的敷设工作，则由斯卡格拉克号船完成。

摩洛哥着陆段为岩石地质，海底电缆登陆的方法为将其拉入一个预先设好的约 100m 长钢管套；而西班牙着陆段为沙质，海底电缆可直接拉往沙滩上。水下机器人实时监控海底电缆敷设，能使海底电缆免于敷设在突起的点上，也避免海底电缆敷设产生长距离的悬空段。除了监控敷设过程，在敷设完成后，ROV还对海底电缆敷设结果进行检测。当海底电缆敷设悬空段长于某个限度值（水深的函数），则需在海底电缆底部抛小碎石，且使用落石管进行抛石工作，并采用水下机器人 ROV 对海底电缆敷设过程进行监控。

海底电缆的保护方案，在西班牙着陆段，选择的是高压水枪冲沟法。80m 深处的海底电缆埋深 1m，靠近西班牙岸边的埋深 3m。此外，西班牙的过渡接头至 10m 水深处的保护措施均采用铸铁套管。靠近摩洛哥着陆段的 1600m 范围内，海床多为岩石，且不平坦，海底电缆需要受套管保护，例如铸铁套管、混凝土沙包。值得注意的是，工程中海底电缆的铠装是由两层铜绞线，沿相反方向排列组成的，这样可以降低在敷设过程中的扭转力。

1.3.2　加拿大本土—温哥华岛 500kV 交流海底电缆工程

温哥华岛与加拿大本土之间于 20 世纪 80 年代初建成，是世界上第一个 500kV 交流联网工程，包括 2 回额定电压 525kV、每回输送容量 1200MW 的交流海底电缆和架空线路的混合联络线。该工程在海底电缆的结构设计、海底电缆机械强度分析与测试、海底电缆路由选择、海底电缆在线监测及敷设方法等方面对后续海底电缆工程建设具有指导和借鉴意义。特别是该工程还开展了通过海底电缆登陆段冷却技术提升海底电缆载流量的工程实践，具有较好的示范意义。

该跨海联网路径选择在海峡北部通道上，所选路径的特点是海床较深，最深处约 400m，其优势是在该路由上的海底电缆分成 91m 和 30km 两段。所拟联网方案的联络线全长 148km，其中 109km 为架空线路，海底电缆 2 回 6 根电缆，远期拟增建 1 根备用电缆。

海底电缆工程由两家电缆厂商供货，1983 年底第 1 回线路及 1 根备用电缆投运，1984 年底又建成第 5 根和第 6 根电缆，形成 2 回 500kV 联网线路。两种电缆使用不同的浸渍油及独立的供油系统，在需要时两种油可以混合使用。电缆及其终端套管的内部油压保持在大约 1300kPa，以防止电缆在深海处破裂时水浸入，终端套管的最大油压设计为 1800kPa。

电缆路由的最大海洋深度达到了 400m，经计算，敷设和打捞电缆的最大拉力达到了 30t，因此海底电缆设计时要求具有足够的抗拉强度。电缆的机械试验在最大海洋深度 400m 处进行，试验包括张力弯曲试验、雷电冲击耐压试验、电介质安全试验、高压试验及海上试验等。对一段 1.4km 长的电缆试样进行试验，包括 2 个工厂接头和 1 个修理接头，以测试其介电强度及在操作、敷设等过程中的抗弯性能。随后在实验室接受直流试验、交流试验等电气型式试验。试验完成后，检查加强带是否断裂、绝缘纸是否撕破、导体和铠装是否变形。

该工程的海底电缆相间距为 500m，在终端站处缩减为 11m，电缆铠装锚固在终端套管的底座上，与其他电缆的铠装相连接地。由于两家电缆厂商生产的电缆采用不同的浸渍油，故在终端站安装了两套油泵系统和储油设备，油泵站可以自动调节以满足油压。正常情况下，油泵站工作在加压模式下，当电缆故障时，油泵站切换为按流量控制的模式运行，位于终端站的传感器可以将任何非正常的温度、油流或油压的变化传递到温哥华的控制中心。两回电缆线路的油泵、储油罐及控制阀等均布置在没有高压电气设备的运行间，浸渍油的燃点较高（120℃），火灾危险较小，故没有特别的防火措施。

海底段电缆可以通过海水散热，但是在负荷较重的夏季，低潮水位至终端套管段的电缩较难散热。解决方法是在临近电缆处平行放置一段 110m 长的塑料管，在管中循环冷却剂，热量由氟利昂冷都器中散发，冷都系统需要保证导体的温度不超过 80°，一般只有在线路潮流较重时，冷却器才投入使用。

海底勘察需要根据海底的地形及底质，确定可行的海底电缆路由。内容包括：确定每根电缆的确切长度；确定海流速度及波形；确定海底土壤的热性质及化学性质；明确详细地形，以便在电缆铺设中避开海底将状、裂口及陡坡等地形；建立最终的路径参考坐标；通过回声测深器、地震勘测装置及可控敏感设备，绘出海底电缆路径的海深图和断面图，在深水处，采用低频气枪穿透海底，浅水处则多用潜艇。

在春夏季海风活动不频繁，海底电缆敷设工作较为容易。该工程的电缆运输及敷设工作采用挪威 C/S Skagerrak 号电缆敷设船，其载重能力为 7000t，可一次运输两根 30km 和两根 9km 的电缆，敷设施工约需 30 天。电缆的敷设速度约为 1km/h，会受到船速、航线、电缆张力、海深及风速的影响，这些影响因素均会被自动记录下来。敷设船采用自动航海设备精确定位，并校正由于风速和海流等因素而引起的误差，敷设船的航行偏差一般控制在 10m 以内。在海底地貌起伏较大的地形中敷设电缆时，采用了无人遥控潜艇，在潜艇上装备了强力照明设备和摄像机，可以将海底的地形影像发回敷设船上，在确定合适的敷设路线后，先放置一根与主缆相同弯曲特性的黄色引导缆，再将主缆沿着引导缆放下，这样可以降低电缆在两个高地之间形成悬空的概率。

海底电缆所在海域的远洋船舶较少，捕鱼船带来的危险性也较小，但有很多运送木头的巨大拖船，海底电缆可能遭受到的主要危险是航船抛锚。为保护电缆不受抛锚损害及腐蚀，从终端套管至水深 20m 处（低潮水位时）的一段电缆在岩质地形处的埋深为 1.5m，在沙土地形处的埋深为 2m。在海底的岩质地形上挖沟时，采用了特殊的爆破和挖掘技术。有可能露出水面的电缆（低潮水位时）与冷却管道一起放置在增强的混凝土管道中，管道中填充的是沙与水泥的混合物，再使用邻近的沙土、岩石覆盖，岩石也可以用来保护电缆。

1.3.3　日本 Kii 海峡 ± 500kV 直流海底电缆工程

该工程将四国岛立花湾的热电厂的电能传输到本州岛的输电系统中。该工程的海底电缆由关西电力开发公司以及日本的四大电缆制造商共同开发。海底电缆于 1998 年 4 月到 10 月之间敷设，在 1999 年 10 月进行了高压测试，2000 年开始投入使用。作为亚洲地区特别是日本具有代表意义的工程，在敷设施工、防锚害、海底电缆保护等方面为后续工程提供了技术参考。

日本 Kii 海峡 ± 500kV 直流海底电缆工程长度 49km，最大海深 75m。装机容量是 2800MW（± 500kV，2800A），共有 4 根电缆，其中两根作为替换，总长 48.9km，（46.5km 在海下，2.4km 在陆地上）。在敷设过程中通过 GPS 和声呐进行实时监控。

电缆保护采用的是全程掩埋敷设的保护方式。关于海底电缆的埋设深度，日本进行了详细的试验研究。每天通过 Kii 海峡的海船有 600 艘，最大的货船为 270000t，全年都有拖网渔船作业，其中最大的锚重为 16t。为了确定抛锚及拖锚的特性，进行了现场试验和模拟试验。现场试验是在沿海底电缆路径的 3 个典型区域进行，2 个在硬土上，1 个在软土上。

抛锚贯穿海床深度 1.6m，同时还考虑了拖锚的贯入深度，经模拟试验确定拖锚的贯入深度为 2.5m（考虑了锚的长度）。因此，为防止锚害，海底电缆应埋入海床 4.1m 以下（1.6m＋2.5m）。海底电缆深埋虽能很好地保护海底电缆，但施工及维修的费用将变很高。经综合比较，最终确定海底电缆埋深为 2～3m（硬土为 2m）。在 Tokushima（德岛）一侧附近敷设船无法到达，大概有 5km 的距离需要挖沟填埋，挖掘深度为 0～2.2m，挖掘宽度 0.65m。

1.3.4　中国海南 500kV 交流联网工程

500kV 海南联网海底电缆工程为世界上电压等级最高、单根电缆最长、输电容量世界第二的交流海底电缆项目，也是迄今中国电压等级最高、输送距离最远、输电容量最大、建设难度最大的海底电缆工程。该工程是中国唯一的在运的超高压充油电缆线路，工程从立项设计到投运历时时间长，为中国后续超高压海底电缆线路的工程建设提供了技术参考。海南联网二回工程海底电缆敷设如图 1－1 所示。

图 1－1　海南联网二回工程海底电缆敷设

工程采用挪威耐克森（Nexans）公司生产的 500kV 自容式单芯充油海底电缆，导体为 800mm^2 的铜导体，额定载流量为 815A，满足输送 600MW 容量的要求。绝缘为浸十二烷甲基苯绝缘油的牛皮纸，注入低粘度合成油，海底电缆护层采用铅护套和单层铜铠装，海底电缆结构如图 1－2 所示。海底电缆的机械特性能，保证在敷设和运行条件下，均不超过电缆的机械强度。12 芯光缆与电力电缆捆绑在一起敷设，电缆试验按照 IEC 60141－1 和 ELECTRA171 标准执行。海底电缆的保护施工方案是先敷后埋，采用全程冲埋和抛石保护的方法，埋深 1.5～2m。海底电缆敷设方式，采用三根电缆一次从制造厂启运，依顺序一次敷设。海底电缆工程的埋设保护，主要采用挖沟冲埋机，利用水力喷射进行挖沟冲埋，对于海床较硬，不能挖沟冲埋的部分采取抛石保护的方式掩埋。

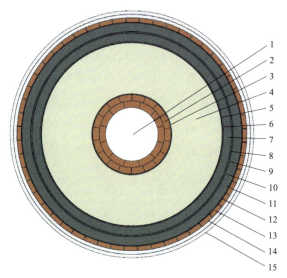

图 1-2　海底电缆结构示意图

1——油道；2——导体；3——导体屏蔽；4——绝缘；5——绝缘屏蔽；6——编织带；7——铅护套；
8——编织带；9——加强层；10——内衬层；11——防腐层；12——防蛀层；13——内衬层；
14——铠装层；15——外被层

海底部分包括 500kV 海底电缆敷设与保护，在琼州海峡新建 3km×31km 海底电缆 3 根，海底电缆由 Nexans 公司负责生产和敷设，海底电缆直径约 14cm，海底电缆路由最深处 97m，海底电缆保护采用冲埋、挖沟和抛石保护等方式进行。广东侧南岭终端站和海南侧林诗岛终端站，均建设 500kV 出线 1 回，3 个独立电缆终端。

海底电缆施工阶段完成的保护措施包括：登陆段预挖沟保护 2700m；铸铁套管保护 3053m；冲埋保护 68978m（一次冲埋和部分二次冲埋采用），冲埋埋深未达标或无法冲埋的海底电缆采用抛石保护，共 271 段，22625m，抛石量 26 万 t。

1.3.5　中国浙江舟山 500kV 海底电缆工程

浙江舟山 500kV 海底电缆工程是世界首条交联聚乙烯绝缘的超高压海底电缆线路，该工程建设有两回海底电缆线路，该工程从规划设计、路由勘测、海底电缆系统制造、试验测试、敷设施工等全过程实现了自主国产化，该工程为后续中国国内陆续开展的大长度高压海底电缆线路的生产制造、敷设施工等方面提供了工程经验，起到示范效应。该工程突破超高压交联聚乙烯海底电缆主绝缘设计、铠装设计等关键技术瓶颈，首次实现 18.15km 超高压交联聚乙烯海底电缆一次性连续生产。打造国内首艘万吨级高精度智能海底电缆敷设施工船，实现海底电缆全天候、零应力敷设，敷设精度达到国际领先水平。舟山 500kV 联网输变电工程建立了自主知识产权的海底电缆设计、制造、敷设、试验全链条体系，应该说自此确立了中国在海洋输电技术领域国际领先行列的一席之地，具备了提供解决超高压海洋输电技术难题的"中国方案"的实力。

舟山 500kV 联网线路工程（海底电缆部分）起点为宁波镇海的海底电缆终端站，终点为舟山大鹏岛海底电缆终端站，该项目采用 500kV 大截面交联聚乙烯复合光纤海底电缆，海底电缆截面为 1800mm²，海底电缆路径长约 17km，敷设形式为终端站、电缆沟（陆上段）、人工埋设（潮间带）、水下冲埋；中性点接地方式为直接接地系统。项目敷设两回海底电缆，共计 7 个路由（包括 1 根海底光缆），陆上采用电缆沟敷设方式。舟山 500kV 海底电缆登陆作业如图 1-3 所示。海上部分采用抛放与埋设相结合的方式施工，路由间距 50m，登陆段适当收拢；潮间带区域埋深不小于 3m，上方覆盖混凝土盖板，并在露滩区域对电缆增加保护套管；航道区域电缆埋深不小于 3m，冲刷区电缆埋深 4m，其他区域电缆埋深均不小于 2.5m。

图 1-3　舟山 500kV 海底电缆登陆作业图

采用国产启帆 9 作为主施工船，配备动力定位系统，四角配备侧推动力装置，配备的 DGPS 定位仪，精度可达 0.5m。施工期间，启帆 9 浅水区靠收绞预先敷设的主牵引钢缆提供前进动力，两侧配锚艇或拖轮提供动力调整左右偏差，深水区动力定位系统可按照设计路由精确施工。

　　综上所述，中国在海底电缆敷设和海洋输电技术方面取得了显著成就，不仅在国内实现了技术和产业的升级，也在国际舞台上展现了中国的技术和创新能力。中国在海底电缆工程建设前期一系列海底电缆勘察与设计的技术攻坚中，开启了新纪元。

2

海底电缆路由选择

　　海底电缆路由选择工作是海底电缆工程勘察设计中的一个重要内容，也是海底电缆工程勘察设计贯穿始终、不断迭代的一项主要工作，占据了海底电缆工程勘察设计工作相当大的时间比例和人力物力投入。同时，海底电缆路由选择的成果，直接决定了海底电缆工程的路由勘察难易程度、海底电缆选型的外部边界条件、海底电缆敷设与保护方式设计方案等勘察设计内容，也将直接影响后续海底电缆工程的建设实施难度、建成后的长期运维难度。因此，海底电缆路由选择是海底电缆工程勘察设计中一项非常重要的工作，在海底电缆工程的前期需投入大量的人力、物力、时间来开展详细而周密的工作。

　　因此，本章节内容放置在全书主要技术章节的首要位置，其主要工作成果作为第 3 章海底电缆路由勘察的重要输入条件，同时海底电缆路由选择成果对应路由上的气象条件也是第 4 章海底电缆选型的输入条件，海陆路由选择成果对应路出上的地形、地质、水文等因素也是第 6 章海底电缆敷设与保护设计的输入条件。

　　海底电缆路由的选择应以安全可靠、技术可行、经济合理、便于施工维护、对海洋环境影响少、能保持海洋环境可持续发展为基本原则。

➤ 2.1　海底电缆路由选择的影响因素 ◄

　　当进行路由选择时，很多因素需要考虑，其中大多会影响海底电缆系统的投资、施工、可靠性和可修复性。这些因素主要包括海洋自然条件、人为障碍物、人类活动危害、海岸条件和其他因素等。

2.1.1 海洋自然条件

下面是有关海洋自然条件的一些因素，这些因素都会影响到海底电缆路由的选择。

（1）水深。由于海底电缆敷设时需从海底电缆敷设船上呈悬链线式施放到海床表面或者海床泥面以下，随着水深的增加海底电缆敷设张力相应增大，这可能会影响到海底电缆的设计和施工方式；此外，水深增加也会使得路由调查工作更加困难。对于近海区域，水深一般不会超过100m，对海底电缆工程的影响较小。除了大水深对海底电缆敷设造成难度，浅水深也会对海底电缆敷设造成一定不利影响，若水深较浅，则大型工程船只难以靠近，施工难度增大，故海底电缆登陆点尽量选择在海岸浅滩较短、水深下降较快、工程船只易靠近的海岸。

（2）礁石区域和起伏的海床。海底地形与陆上地形概念基本一致，也会存在大量不平坦、底质硬质的区域，即礁石区。当海底电缆直接敷设于礁石区域或起伏的海床时，可能导致电缆弯曲，从而不满足转弯半径的要求，更严重的是会使海底电缆与礁石摩擦而引起海底电缆损伤。当海底电缆悬空敷设于两个裸露礁石之间时，会造成海底电缆悬空，也可能会由于海底暗流引起的振动而导致海底电缆疲劳损伤。海底电缆悬空敷设于裸露礁石上的情况如图2-1所示。故严禁将海底电缆直接敷设于礁石区域和起伏的海床上。

图2-1 海底电缆悬空敷设于裸露礁石上的情况

（3）潮流、暗流。海底电缆敷设环境中由于海洋潮流、洋流等海洋水文因素，会存在海水的日周期、月周期或者年周期的水流运动，这些水流运动会直接作用于海底电缆或者海底电缆敷设的周边环境，从而对海底电缆产生一些往复、周期性的力学作用。海底暗流中的泥沙或沙砾可能会直接磨损海底电缆；强大的潮汐能冲刷电缆在海床上往复移动，从而导致海底电缆结构疲劳损伤。因此，路由选择阶段应对海底潮汐和暗流的影响进行评估，以确定是否需要避开。

（4）海底迁移或冲刷。海底地形环境中由于泥沙淤积、洋流作用情况，也会存在类似于陆上沙漠、沙坡一样的地形，在洋流作用下这些沙漠、沙坡会变形、移动，导致海底电缆下的泥沙可能会被冲走，从而使海底电缆在长期运行后造成海底电缆区域性悬空或者埋深大幅增加，海底电缆悬空后可能会造成海底电缆由于海流作用而引起振荡并最终使得海底电缆结构疲劳破损，也可能会因捕捞渔具或船锚的钩挂而遭到损坏。或者，另外一种可能是海底电缆被埋得更深，从而增加海底电缆修复和回收的难度。因此，海底电缆路由应避开海床移动或冲刷区域。

（5）海底地震和火山区域。在自然因素中地震对海底电缆的威胁是最直接、最危险的因素。2004年在中国台湾和日本发生的地震都造成了海底光缆的断裂，影响了通信联系和信息交流，造成了严重的经济损失。海底地震具有很大的偶然性和不确定性，没有明显的规律性。虽然海底地震破坏海底电缆的概率很小，但其对海底电缆工程的影响不容忽视，因为地震不仅可以直接造成海底电缆断裂，还会诱发海啸、海底滑坡，导致海底沉积物运移，造成海底电缆裸露，为其他威胁海底电缆的因素（船锚、捕捞渔具等）对海底电缆的破坏创造了条件。海底火山一般由海山群和海山脊等构成，其活动情况不明确，因而它的影响范围也难以判断。鉴于海底地震和火山巨大的破坏力，海底电缆路由规划选择时应尽量远离地震和火山活动区域。

（6）边坡稳定性。海底滑坡的发生一般需要外界因素的引导，但是一旦发生将可能会直接将海底电缆剪断，或者使海底电缆暴露在海底，为其他威胁海底电缆的因素破坏海底电缆提供条件。由于海底地形地貌复杂，在地震、海啸、风暴潮等外界因素影响下，均可能发生滑坡。故海底电缆路由严禁穿越边坡不稳定区域。

（7）自然障碍物。自然障碍物包括大型孤石、裸露的礁石和暗礁等，这些都会阻碍挖沟、犁埋、冲埋等施工，海底电缆路由选择时应避开以上自然障碍物。

（8）沙波。海底沙波种类较多，大小不一。一般是按照波长和波高进行分类，大体上可分为波纹、沙波、沙丘和沙脊。海底电缆埋设施工最困难的地区就是沙波区。该区域内一般具有很多起伏连绵不断的沙波，而且纵横交错、相互叠置，在大沙波上往往还有很多小沙波。海底沙波非常容易在海流和波浪的作用下而发生运移，加之沙波之间地形高低起伏，非常容易引起埋设的电缆悬空。海底电缆敷设于沙坡上引起电缆悬空的情况如图 2-2 所示。悬空的电缆会因长时间受海流携带泥沙的冲刷而磨损，也可能会因捕捞渔具或船锚的钩挂而遭到损坏。因此，海底电缆路由选择时应避开沙坡区。

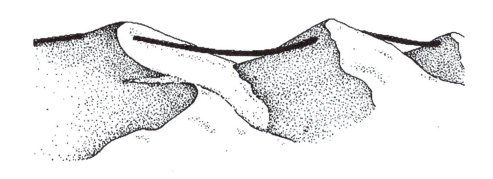

图 2-2　海底电缆敷设于沙坡上引起电缆悬空的情况

（9）海底腐蚀性。海底的腐蚀性可分为腐蚀因子和腐蚀作用。腐蚀因子包括底质类型、底层水的 pH 值、盐度、温度、沉积物的 pH 和 Eh 值、泥温、硫化物含量、硫酸盐还原菌、电阻率等。腐蚀作用主要是在这些因子的影响下对海底电缆进行氧化还原腐蚀和电化学腐蚀。在这些影响因子中，海底沉积物的底质类型与海底电缆的埋设以及埋设后海底电缆的稳定性、安全性和使用寿命密切相关，pH 值、盐度、温度等一般对海底电缆的威胁很小，Eh 值、硫化物含量、硫酸盐还原菌是腐蚀海底电缆的主要因子。Eh 值高的区域通常将会对海底电缆造成电化学腐蚀；硫化物含量、硫酸盐还原菌浓度高的区域将对海底电缆造成氧化还原腐蚀。不同的海域，各种腐蚀因子的含量不同，对海底电缆的腐蚀程度也不同。现在由于海底电缆自身技术的发展，材料的改进，抵抗腐蚀作用的能力不断增强，使得海底腐蚀性对海底电缆的威胁影响不断减小。

（10）基岩。当海底电缆直接敷设于海床基岩时，可能会使海底电缆与海床摩擦而引起海底电缆损伤。基岩也不利于海底电缆的埋设施工，对于局部基岩可以采用水下岩石掘进机进行开岩作业，此掘进机装备有链条切割机，水平放置于岩石区域可以开凿出一定规格的电缆沟，但对于大范围的基岩，开岩作业速度慢、费用高昂。对于硬质海床也可采用抛石保护的方式，但需采用专用施工船只，且费用高昂。故海底电缆路由宜避开基岩区域，否则应采取必要的保护措施。

（11）古河道。海底场区地形经过长期地形演变，可能会存在埋藏古河道，它们是冰期低海面时期河流下切面形成的古河谷，冰后期被沉积物不断充填、覆盖，形成埋藏古河道。海底古河道是一种线性地质体，河谷基底凹凸不平，河道内充填的沉积物结构复杂多变，河曲堆积淤泥，主河道堆积砂砾石，形成一种特殊的地质体。从河谷到河漫滩与岸边，它们的粒度组分、分选度、密度、固结度、抗压强度、抗剪强度都不一样；往往几米相隔，土体物理力学性质会截然不同。古河道区域里土力学强度的差异与土质的不均一性是海底工程构筑的潜在灾害地质因素，往往会导致海底电缆建设过程中的突然塌陷、埋深急剧变化等，因此海底电缆路由选择时需考虑尽量规避古河道。

（12）浅层气。海底浅层气主要分布于河口与陆架海区的浅沉积层中，既是一种常见的地质现象，也是一种十分危险的海洋灾害地质因素。浅层气是指埋藏深度比较浅（一般在1500m以内）、储量比较小的各类天然气资源，主要包括生物气、油型气、煤层甲烷气和水溶气等。浅层气的体积小，难以预测，一旦井喷，可能导致地形塌陷、造成井漏或井喷起火等危险情况。因此海底电缆路由选择时也应当避开浅层气、油气田等区域。

2.1.2　人工障碍物

人工障碍物主要包括：

（1）海底管线，包括其他电力海底电缆、通信海底电缆、石油管道、燃气管道、给水管等。

（2）污水排水口。

（3）沉船，尤其是码头和桥梁附近需特别注意。

（4）码头、船坞、船坡道、基础等构筑物，有些可能是已废弃且位于水面以下的。

（5）挖泥作业区和垃圾倾倒区。

（6）海上油气平台。

（7）限制区域，例如海军训练区或测试区。

（8）规划建设区域。

根据中华人民共和国国土资源部令第 24 号《海底电缆管道保护规定》，沿海宽阔海域海底电缆管道（海底电缆管道是指铺设在高潮线以下的海底通信电缆、光缆和电力电缆及输送液体、气体或其他物质的管状设施）两侧各 500m、海湾等狭窄海域海底电缆管道两侧各 100m 和海港区内海底电缆管道两侧各 50m 为海底电缆管道保护区的范围，禁止在该区域内从事挖砂、钻探、打桩、抛锚、拖锚、底拖捕捞、张网、养殖或者其他破坏海底电缆管道安全的海上作业。故在路由选择时，对于已有海底管线应考虑足够的水平距离，以避免对已有管线造成影响。尽量避免与其他管线交叉，若无法避免则应采取必要的安全措施。

对于污水排水口、沉船、构筑物、挖泥作业区、垃圾倾倒区、海上油气平台、限制区域和规划建设区域等其他人为障碍物，在路由选择时应予以避开。

2.1.3　人类活动危害

海底电缆故障最主要的原因是由人类活动而造成的海底电缆机械损伤。这些人类活动主要包括：

（1）渔业捕捞、水产养殖等渔业活动。

（2）海洋航运船舶抛锚。

（3）码头、桥梁等施工作业。

（4）疏浚作业。

（5）倾倒垃圾杂物。

（6）海底电缆或管道敷设作业。

（7）相邻海底电缆或管道的维护作业。

（8）海底的化学品和重金属污染等。

其中，造成海底电缆故障最多的是渔业活动和海洋航运船舶抛锚。

从目前中国及国外海域海底电缆的损坏情况来看，大多数是由于渔业活动所引起的。渔业活动中的捕捞渔具、船锚等都会对海底电缆造成较大的威胁。一般渔业活动都在规定的渔场或捕捞作业区，在路由选择时应避开这些区域，若无法避开则应采取必要的保护措施。

船舶的抛锚会对海底电缆产生严重的损坏，即使海底电缆埋设在海底 1m 以下的深度，亦不可能摆脱抛锚对海底电缆安全的影响。船舶抛锚对海底电缆的威胁主要表现在以下两个方面：一是，船锚自身的重量较大，抛锚时一旦撞击到海底电缆，将对海底电缆产生巨大的冲击力，可能会破坏海底电缆的结构而造成损伤；二是，船锚在被拖拽过程中，其入土深度可能会超过海底电缆的埋深，一旦勾到海底电缆，由于船舶强大的动力系统可能会将海底电缆拉断。海洋航运船舶都严格按照规定的航道航行，抛锚区域（锚地）虽也有严格的规定，但不能排除个别船只随意抛锚，或遇天气、船只故障等原因被迫就地抛锚。因此，在路由选择时，应避开锚地和航道，对于无法避开的航道，则应设立禁锚区，并采取必要的海底电缆保护措施和预警措施。

在路由选择时，应避开施工作业区、疏浚作业区、垃圾倾倒区等区域，远离已有海底管线；在海底电缆敷设后，应按照《海底电缆管道保护规定》设立保护区，禁止在保护区内进行可能破坏海底电缆安全的海上作业。

海底电缆路由应远离海底的化学品和重金属污染区域。

2.1.4　海岸条件

在海岸性质上，主要类型有基岩海岸、沙砾质海岸、淤泥质海岸、红树林海岸、珊瑚礁海岸。

（1）基岩海岸。基岩海岸为大陆山地丘陵的延伸，属侵蚀海岸，中国约有5000km，约占大陆总海岸线的 30%。基岩海岸海底及岸滩多石质基岩，海底电缆登陆施工困难、成本高，一般情况下，不作为登陆点选择。

（2）沙砾质海岸。常见于基岩海岸和淤泥质海岸之间或局部地段，为堆积性海岸，有些地方比较平缓，有些地方常见沙坝、沙堤、沙丘等。沙砾质海岸的底质适于埋设海底电缆，且施工方便，是较理想的海底电缆登陆点条件。

（3）淤泥质海岸。中国的淤泥质海岸长 4000 多 km，占大陆海岸线的 22%以上，一般分布在大陆平原的外缘，海岸修直，岸滩平缓，潮滩极为宽广，有的多达数十公里。海岸多为粉沙和淤泥组成，分为淤泥质河口三角洲海岸、淤泥质平原海岸和淤泥质港湾海岸。淤泥质海岸多由淤积形成，海底底质较软，适于埋设海底电缆，但此类海岸一般近岸海水水深下降较慢，且多具备良好的渔场资源条件，各种海洋捕捞活动易危害浅海海底电缆安全。如上海崇明、南汇海底电缆登陆站，由于近海渔业活动造成海底电缆多次损坏，后期不得不采用海底电缆路由改道或深埋处理等补救措施。

（4）红树林海岸。这是一种生物海岸，红树林是一种乔灌木植物，生长在潮间带。

（5）珊瑚礁海岸。这也是生物海岸的一种，由扎根在岩石和礁石上的珊瑚虫生成，硬度较大，对海岸有保护作用。

由于资源稀少且具有特殊价值，红树林海岸和珊瑚礁海岸已被列为国家生态保护的海岸，禁止破坏性开发活动，选择海底电缆登陆点应避开此类海岸。

2.1.5　其他因素

（1）路由长度。一般海底电缆路由越长投资越高，因此海域段电缆路由宜选择曲折系数小的路由。

（2）走廊宽度。海底电缆走廊宽度会随着海底电缆系统设计的不同而改变。同一走廊内的海底电缆应保持一定间距，其大小主要由以下几个因素决定：投锚作业的宽度；锚后船移作业时避免伤及相邻电缆，以限制事故范围；海底电缆故障后，方便打捞；海底电缆修复后，在修理接头处约增加 2 倍水深长度的海底电缆，当该段海底电缆被重新敷设至海底时，其已偏移原路由，最大偏移量约为 1 倍的水深，如图 2-3 所示，此时应不能与相邻海底电缆交叉。综合考虑以上因素，参照《电力工程电缆设计标准》（GB 50217—2008）中 5.10.3 的规定，海底电缆间距不宜小于最大水深的 1.2 倍，在登陆段可适当减小。

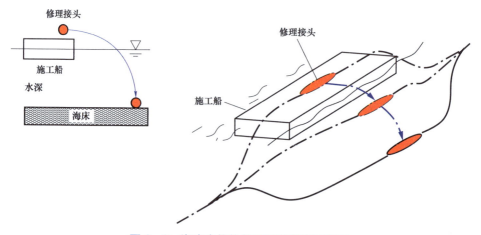

图 2-3　海底电缆修复后重新敷设示意图

（3）环境保护。对于路由可能会途经的海洋环境保护区或环境敏感区域，也需要特别注意。在这些区域海底电缆的施工可能会被禁止或受到严格的监督，对受损的区域可能还要进行修复。故在海底电缆路由选择时，宜避开环境保护区、环境敏感区。

2.2 海底电缆路由预选工作

海底电缆路由预选工作是在海底电缆工程设计工作前期最早开展的工作之一，其成果《路由预选选择依据说明材料》是海底电缆设计工作尤其是海底电缆路由设计工作和后续其他海上专题报告的基础性报告和纲领性依据文件。《路由预选选择依据说明材料》早期又称为《路由桌面报告》或者《桌面路由报告》，由其英文"cable route desktop study"翻译而来，从字面意思可以大致看出，海底电缆线路的《路由桌面报告》主要是通过资料收集、图上作业预选出海底电缆的总体设计路由，早期图上作业是将纸质大幅海图展开到桌面上进行的，因此也有了"route desktop study"和"桌面路由"的说法。

2.2.1 海域路由选择的原则

海底电缆路由的选择应以安全可靠、技术可行、经济合理、便于施工维护、对海洋环境影响少、能保持海洋环境可持续发展为原则。海域路由的选择一般应遵循以下原则：

（1）海底电缆路由应避开地震火山活动、海底滑坡等地质不稳定区域；应避开大型孤石、裸露的礁石和暗礁等海底自然障碍物；应避开礁石区域和海床地形急剧起伏的区域；应避开海床移动或冲刷剧烈的区域和沙坡区，宜选择水下地形平坦的海域；宜避开潮汐、暗流强烈区域；宜避开海床为基岩的区域。

（2）路由的选择应充分考虑其他相关部门现有和规划中的各种建设项目的影响，应避开海上的开发活跃区（如港口开发区、规划建设区、填海造地区、海上石油平台等）；应避开强排他性海洋功能海区（如海军训练区或测试区、挖泥作业区、垃圾倾倒区等）；应避开沉船、水下构筑物等障碍物。

（3）海底电缆路由应避开水产养殖、渔业捕捞等渔业活动区。对于无法避开的，应采取必要的保护措施。

（4）海底电缆路由应避开船舶经常抛锚的水域，远离锚地和繁忙的航道。

对于无法避开的航道，应设立禁锚区，并采取必要的海底电缆保护措施和预警措施。

（5）海底电缆路由应尽量远离已建其他海底管线，水平间距不宜小于下列数值：① 沿海宽阔海域为 500m；② 海湾等狭窄海域为 100m；③ 海港区内为 50m。尽量避免与其他管线交叉，若无法避免则应采取必要的安全措施。

（6）平行敷设的海底电缆严禁交叉、重叠。相邻的海底电缆应保持足够的安全距离，间距不宜小于最大水深的 1.2 倍，登陆段可适当缩小。

（7）避开强流大浪区，选择水动力条件较弱的海域。

（8）海底电缆路由应远离海底的化学品和重金属污染区域。

（9）多个海底电缆路由临近时，宜根据海域整体情况进行统筹海底电缆管廊带规划，尽量并行走线，避免多条海底电缆线路切割海域，提高海域整体利用率。

2.2.2　海底电缆路由预选工作方法

1. 海底电缆路由预选工作目标

通过收集具体项目海底电缆路由区的海洋工程地质条件、自然资源环境条件、海洋工程设施、海洋开发活动、海洋功能区划和相关规划等资料，进行综合分析论证，推荐项目海底电缆首选推荐路由，指导海底电缆路由的详勘工作，有利于提高海底电缆路由勘察的科学性和海底电缆工程的经济合理性，有利于保护海洋环境和充分协调海洋开发活动，有利于保证海洋资源可持续利用，为海洋行政主管部门审批相关海上风电场工程项目海底电缆路由勘察路由提供科学依据。

2. 海底电缆路由预选工作主要研究内容和研究重点

根据前期提出路由方案，通过研究路由海域自然属性和社会属性两个方面，论证路由预选方案的合理性和可行性。自然属性方面包括气象、海洋水文、海洋生物、海水环境的自然环境状况和工程地质条件等；社会属性方面包括路由海域的海洋开发活动状况、海洋开发利用状况、划定的海洋保护区以及海洋开发规划等。

海底电缆路由预选成果报告研究内容为审批勘察路由提供科学依据，同时也为铺设海底电缆施工设计和维护提供参考，确保海底电缆路由勘察的科学性，提高海底电缆施工和运行安全的可靠性，并尽可能地合理利用海洋空间，达到保护海洋资源和节约投资的效果。

海底电缆路由预选成果报告在拟定登陆点位置及海底电缆路由方案符合海洋功能区划的基础上，重点对海底电缆路由工程地质条件等自然环境状况进行研究，重点对海底管道路由海域海洋开发活动（如港口建设、海洋捕捞、养殖、已铺设的海底管线、航道、锚地、旅游区、自然保护区等）与海底电缆路由进行协调性分析。通过比选，取其利，避其害，推荐出可行的海底电缆勘察路由。

根据路由海域自然属性的特点，分析海底电缆的工程地质条件和水动力特征等海洋环境要素，论证选择与其他海洋开发活动相互影响最小的路由。尽可能地避开自然保护区，减少施工期间以及工程后对海洋环境的影响，保证海洋资源的可持续发展及利用；提出尽量避免海洋活动对海底管道路由造成影响的对策，保证其安全生产和维护。

2.2.3　海底电缆路由预选工作流程

海底电缆路由预选工作一般按照下述流程开展。海底电缆路由预选主要工作流程如图 2-4 所示。

（1）先期收集项目背景资料及路由区气候气象、海洋水文等自然环境条件、海洋功能区划、规划及工程地质条件等方面的资料。

（2）实地踏勘，详细了解登陆点附近的地形、地貌情况，了解路由区周边的海洋设施、养殖捕捞、港口、航运、海洋保护区等海洋开发活动现状。

（3）按照《海底电缆管道路由勘察规范》（GB/T 17502—2009）中《海底电缆管道路由预选报告编写大纲》的要求，通过对路由区工程地质条件、气候与气象条件、海洋水文条件等自然条件及腐蚀性环境的分析和研究，以及对海洋功能区划、开发规划和海洋开发活动等方面的调查和影响评估，针对业主单位的需求，对海底电缆路由提出路由预选方案，并从项目用海的可行性、投资的经济性、地质稳定性、用海的协调性四个方面对其中路由预选方案进行全面分析，选出技术上可行、海洋环境相对安全、经济上更合理的海底电缆路由。编制海底电缆项目《海底电缆路由选择依据说明材料》送审稿。

（4）将海底电缆项目《海底电缆路由选择依据说明材料》送审稿报送至各地海洋主管部门，如自然资源部下属各区域海洋局，由主管部门按照规定流程和时间要求组织相关专家和管理部门，对项目《海底电缆路由选择依据说明材料》的送审稿开展专家评审。专家评审会根据评审结果，出具专家评审意见，在评审意见中决议项目《海底电缆路由选择依据说明材料》送审稿是否通过评审，如无法满足相关管理规定、深度要求或方案合理性，则可能将送审稿退回重新修订编制。

（5）根据专家评审意见对《海底电缆路由选择依据说明材料》送审稿进行补充和修订，并提交修改稿供评审专家复核，完成复核后由评审专家出具专家复核意见，并形成说明材料的报批稿。

（6）将项目《海底电缆路由选择依据说明材料》报批稿及专家评审意见、专家复核意见一并交由各地海洋主管部门审批，连同项目的路由勘察申请一并提交审批，如审批通过，海洋主管部门会下达项目路由后续的勘察许可，以此作为路由预选工作的闭环条件。

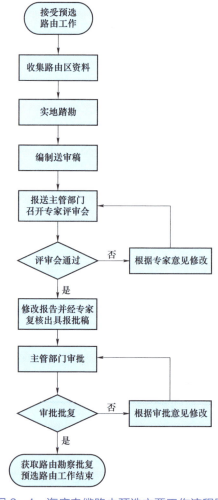

图 2-4　海底电缆路由预选主要工作流程图

❯ 2.3 登陆点选择 ❮

2.3.1 登陆点选择的原则

海底电缆登陆点的选择一般应遵循以下原则：

（1）海底电缆登陆点应远离地震多发带、断裂构造带及工程地质不稳定区，远离易发生火山、海啸和洪水灾害的区域。

（2）海底电缆登陆点应避开红树林海岸、珊瑚礁海岸和基岩海岸，宜选择沙砾质海岸和淤泥质海岸；宜避开岩石裸露地段，选择有一定厚度覆盖土层和便于施工的稳定海岸；登陆点所在海域和海岸地形地貌适宜海底电缆登陆，无海岸侵蚀、暗礁等不利地质条件。

（3）海底电缆登陆点应避开现有及规划中的开发活动热点区、港口开发区、填海造地区等。

（4）海底电缆登陆点应避开对电缆造成腐蚀损害的化工厂区及严重污染区。

（5）宜避开自然保护区、风景名胜区和浴场等。

（6）宜避开电力电缆、通信海底电缆、石油管道、燃气管道、给排水管等障碍物。

（7）宜选择近海及沿岸没有岩礁、海岸浅滩较短、水深下降较快、工程船只易靠近的海岸；宜选择适合海底电缆尽快垂直登陆的海岸，以减少与海岸线平行敷设长度。

（8）宜选择全年风浪比较平稳，海、潮流比较弱的沿海。

（9）登陆点尽可能靠近已有的海底电缆登陆区。

2.3.2 登陆点选择方法

按照《海底电缆管道路由勘察规范》（GB/T 17502—2009）中关于登陆点选择的工作要求，路由预选时应对登陆段进行现场踏勘。对登陆点附近的村镇分布、土地利用、海岸性质及利用状况、海滩（潮滩）地形、冲淤特征、登陆点至登陆站的距离、登陆点附近海洋开发活动等进行调查，选择符合海洋功能区划、离登陆站近、与其他海洋规划与开发活动交叉少、有利于电缆管道登陆施工和维护的区段作为登陆点。

2.3.3　登陆点选择工作流程

登陆点选择工作的主要流程有图上作业开展登陆点预选、现场踏勘、登陆点合理性分析等步骤，各步骤简述如下。

1. 图上作业开展登陆点预选

登陆点预选的图上作业主要是通过海图、卫星影像图、海域陆域规划资料等基础资料，通过对岸线范围、海洋功能区划、陆域功能区划、现场影像地形资料等内容进行分析研判，按照登陆点选择原则挑选适宜海底电缆登陆、适宜海底电缆路由选择的位置作为海底电缆登陆点的预选方案，一般制订 2 个以上的登陆点预选方案，并结合海底电缆海域段路由预选方案，开展路由比选工作。

2. 登陆点现场踏勘

在图上作业开展登陆点预选成果基础上，需要对登陆点开展现场踏勘工作，对登陆点进行实地考察。登陆点的踏勘工作的最重要工作成果为现场实景拍照，包括各个角度的实景拍照，甚至根据近年来航拍技术的快速发展与普及，还可通过无人机进行全景实拍，相关影像记录成果是后续路由预选说明材料的重要编制素材。登陆点现场踏勘影像记录示意如图 2-5 所示。

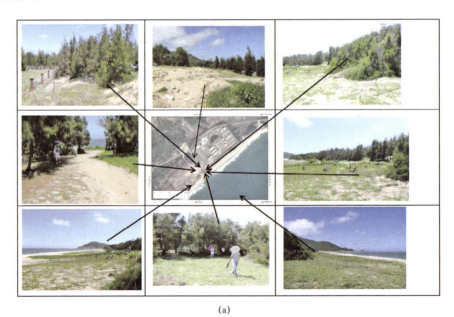

(a)

图 2-5　登陆点现场踏勘影像记录示意（一）

（a）某工程现场踏勘影像记录及报告中呈现方法示意

(b)

(c)

图 2-5　登陆点现场踏勘影像记录示意（二）
（b）某工程现场踏勘全景影像记录示意；（c）某工程现场踏勘航飞全景影像记录示意

　　登陆点的现场踏勘工作除了现场影像记录外，还包括了现场走访及相关管理部门的拜访及初步意见征询工作，可就登陆点预选及现场踏勘工作情况向相关管理部门进行初步汇报及口头意见征询，为后续的登陆点及路由预选的确定及书面征询工作做好铺垫。

3. 登陆点合理性分析

　　在登陆点踏勘工作后，需结合踏勘成果、走访记录及初步意见征询基础上，对登陆点预选方案进行合理性对比分析。

　　首先，需从预选登陆点的整体地理位置合理性上进行分析，分析登陆点所处区位情况，分析登陆点及其周边的海域、陆域规划符合性等。

　　其次，根据现场踏勘情况，分析预选登陆点周边地形地貌、植被情况、岸线类型、土质情况、周边影响海底电缆登陆的地物情况等，重点分析上述各项指标对海底电缆登陆的具体影响，分析海底电缆登陆可行性。一段典型的踏勘后登陆点分析内容如下面一段文字描述所示。

　　预选登陆点 2 位于某某县某某镇某某村东岸一处砂质海滩上；登陆后，海底电缆可由东南向西北穿越海滩、海防林、荒草地和 X111 县道至海上风电陆上集控中心。登陆点处的海岸为砂质沙滩，海滩走向约北偏东 40°，海岸线比较平直，沙滩宽度 50～80m，较平缓，坡度 0.5°～2°；沙滩东侧海域约 500m 处有陆地自然延伸形成的小海湾，陆海面交汇处可见礁石。砂质海滩的顶部发育海蚀陡坎，坡度约 70°，高度约 1m，岸线受侵蚀后退的迹象比较明显。陡坎上部分布着沿沙滩走向生长的稀疏的杂草，再向内陆一侧有较大的陡坡，坡度约 30°，长度约 10m，生长着海防林。海防林向内陆一侧为地势平坦的丛林，有 X111 县道从中穿过。登陆点北侧有污水池塘，污水管道排污口在登陆点西侧，污水流经路线穿过管道线路。登陆点西北侧为某某居住社区。登陆点东北侧约 500m 处有在建居民楼、西侧沿岸为砂质海滩。登陆点附近海面上未见明显的养鱼活动，但见到少量渔船。

▶ 2.4 海域使用论证 ◀

2.4.1 海底电缆线路海域使用论证工作的主要依据

海底电缆线路工程设计在取得路由预选说明材料的批复后，可以根据批复路由开展其他各项设计工作，也可开展海底电缆路由勘察工作，并最终设计出海底电缆线路的施工图设计路由方案。但是，在施工图设计路由方案之后，海底电缆线路现场敷设施工之前，还需要取得海底电缆敷设所必需的关于海底电缆路由的海域使用权证，而海域使用权证取得的前提条件是项目开展了《海域使用论证报告》的编制并通过评审取得了相关的批复意见，因此海底电缆线路海域使用论证工作也是海底电缆线路设计中路由选择的一项重要闭环工作。

海底电缆线路的海域使用论证工作，一般是根据《中华人民共和国海域使用管理法》《海域使用权管理规定》和各省《海域使用管理条例》等相关规定，由项目业主单位委托具有相应资质要求的咨询单位来承担项目海域使用论证工作。

接受委托后，咨询单位需对工程所在区域进行现场踏勘、调研，收集与工程相关的资料，按照《海域使用论证技术导则》（国海发〔2010〕22 号）的要求编制了《项目海域使用论证报告书》送审稿，在报告中对项目用海的合理性和可行性进行分析和论证，提出针对性的海域使用管理对策措施，为有序开发海域资源、维护海洋生态环境和强化海域使用管理提供技术支撑，并为自然资源行政主管部门审批该项目用海提供依据。

海底电缆线路的海域使用论证工作的编制依据技术标准和规范主要有：

（1）《海域使用论证技术导则》（国海发〔2010〕22 号）。

（2）《海域使用分类》（HY/T 123—2009）。

（3）《海籍调查规范》（HY/T 124—2009）。

（4）《宗海图编绘技术规范》（HY/T 251—2018）。

（5）《海洋监测规范》（GB 17378—2007）。

（6）《海洋调查规范》（GB/T 12763—2007）。

（7）《海水水质标准》（GB 3097—1997）。

（8）《海洋生物质量》（GB 18421—2001）。

（9）《海洋沉积物质量》（GB 18668—2002）。

（10）《建设项目对海洋生物资源影响评价技术规程》（SC/T 9110—2007）。

2.4.2　海底电缆线路海域使用论证工作的论证范围

根据《海域使用论证技术导则》（国海发〔2010〕22 号），论证范围应依据项目用海情况、所在海域特征及周边海域开发利用现状等确定，应覆盖项目用海可能影响到的全部区域。一般情况下，论证范围以项目用海外缘线为起点进行划定，一级论证向外扩展 15km，二级论证 8km。跨海桥梁、海底管道等线型工程项目用海的论证范围划定，一级论证每侧向外扩展 5km，二级论证3km。

同样根据《海域使用论评技术导则》（国海发〔2010〕22 号），海域使用论证等级按照项目的用海方式、规模和所在海域特征，划分为一级、二级和三级。根据海域使用论证等级判据，海底电（光）缆所有规模的论证等级为三级，因此线路海域使用论证工作的论证范围为路由每侧向外扩展 5km。

2.4.3　海底电缆线路海域使用论证工作的论证重点

依据项目用海类型、用海方式和用海规模，结合海域资源环境现状、利益相关者等，确定本项目海域使用论证工作的论证重点为：

（1）用海必要性。

（2）水动力和冲淤变化影响分析。

（3）开发利用协调分析。

（4）海洋功能区划、海洋生态红线符合性分析。

（5）项目选址和平面布置合理性分析。

（6）用海面积合理性。

上述论证重点也是海底电缆工程海域使用论证报告书的主要编制章节。

2.4.4 海底电缆线路海域使用面积计列方法

海底电缆线路的用海方式为海底电缆管道，根据《海籍调查规范》，用海范围应以电缆管道外缘线向两侧外扩 10m 距离为界，对于同一廊道、同一业主单位的多根海底电缆之间如间距超过 20m，则其间的海域已经有明显排他性，则也应计入相应的海域使用面积之中。

例如，对于单根海底电缆，如果其路由长度为 50km，则其海域使用面积简要计算为 50km×（10m＋10m）＝1km^2；对于 2 根海底电缆案例，如果其路由长度为 50km、平均敷设间距约 40m，则其海域使用面积简要计算为 50km×（10m＋40m＋10m）＝3km^2。

3

海底电缆路由勘察

　　路由勘察采用多仪器组合方式进行开展，掌握预选路由登陆点附近地形地貌条件、勘察走廊海域内海底地形地貌、浅部地层特征、底质类型分布、已建海底管线现势情况、工程地质条件、水文气象条件和海洋开发活动等资料，通过资料解释和数据处理分析，综合评价路由条件，为海底电缆的选址、设计、施工以及维护提供基础资料和科学技术依据。路由勘察流程如图 3-1 所示。

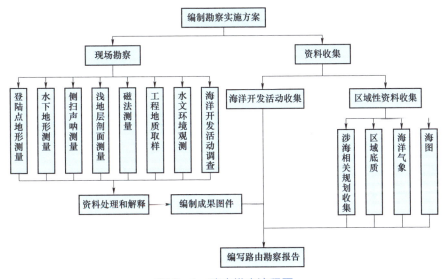

图 3-1　路由勘察流程图

路由勘察基准为：

（1）坐标系：CGCS 2000 国家大地坐标系。

（2）投影：一般采用高斯－克吕格投影，中央经线为宗海中心相近的 0.5°整数倍经线。东西向跨度较大（经度差大于 3°）的海底电缆管道用海应采用墨卡托投影，基准纬线为制图区域中心附近的 0.5° 整数倍纬线。

（3）高程（深度）基准：1985 国家高程基准（二期）。

（4）比例尺：海域调查比例尺为 1:5000，登陆段调查比例尺为 1:2000。

▶ 3.1　地　形　测　量 ◀

3.1.1　登陆点测量

1. 勘察范围

登陆段的勘察范围包括登陆点岸线附近的陆域、潮间带及水深小于 5m 的近岸海域，以预选路由为中心线的勘察走廊带宽度一般为 500m，自岸向海方向至水深 5m 处，自岸向陆方向延伸 100m。

2. 勘察内容和技术要求

勘察内容和技术要求包括：

（1）登陆点的平面位置测量精度应达 GPS－E 等级要求，高程测定精度应达到四等水准要求。

（2）对登陆段陆域进行地形、地物测量，对重要地物进行照相。勘察走廊带以外的地形、地物可从已有的大比例尺图件。

（3）垂直岸线布设 3~5 条剖面，对潮滩进行地形测量、地貌调查、底质采样，详细描述底质类型及其分布，分析岸滩冲淤动态。

（4）登陆段水深地形测量按 GB 17501—1998 中第 10 章的要求，底质调查按第 9 章的要求，浅地层探测按 8.5 的要求，如工程需要应进行人工潜水探摸、水下摄像及插杆试验。

3. 登陆点测量举例

以浙江为例，登陆段重点调查内容包括登陆点位置、典型地貌地物、附近岸线等，测量工作可采用南方银河 6 型 GNSSRTK 系统（浙江 CORS）进行，其测量精度为毫米级。银河 6RTK 定位系统工具如图 3-2 所示。银河 6RTK 定位系统技术参数见表 3-1。

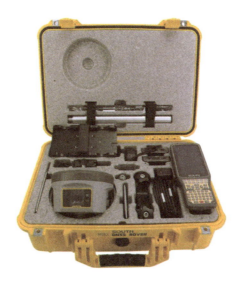

图 3-2 银河 6RTK 定位系统工具

表 3-1 银河 6RTK 定位系统技术参数

技术指标	参数
卫星系统	GPS＋BDS＋Glonass＋Galileo，支持北斗三代
静态精度	平面±2.5mm＋1mm/km×d、高程±5mm＋0.5×作业距离×10^{-6}
动态精度	平面±8mm＋1mm/km×d、高程±15mm＋1×作业距离×10^{-6}

（1）平面控制测量。采用浙江 CORS 网络，通过 RTKGPS 实时观测确定平面控制点，在待测控制点上架设三脚架，对中整平 GPS 天线，在固定解情况下直接获取控制点平面坐标，每个点测量 10 组数据，每组数据采集 30 个 GPS 历元，最终求取平均值作为该控制点坐标值。浙江 CORS 在固定解情况获取的控制点平面坐标，精度为毫米级，满足相关规范要求。

（2）高程控制测量。收集测区附近已知高程控制点资料，通过电子水准仪按照四等水准测量要求，引测至待测控制点上，通过平差计算，确定四个待测控制点的高程值。

（3）登陆点地形地物测量。调查方法采用 CORS 直接测量，碎步测量在所埋设的控制点上架设 GPS 基准站，正确设置 GPS 基准站和流动站后进行碎步测量工作。对登陆点调查范围内的地形、地物进行测量，地形测点间距约 10m。

4. 数据处理

数据处理包括：

（1）对现场测量数据和草图进行整理。

（2）通过浙江省测绘基础服务平台，将碎步测量点大地高处理为国家 1985 高程。

（3）将测量点展绘至 CAD，绘制等深线和地物，生成登陆点地形图。

3.1.2 水下地形测量

水下地形测量是测量海底起伏形态和地物的工作，是陆地地形测量向海域的延伸，通常对海域进行全覆盖测量，确保详细测定测图比例尺所能显示的各种地物地貌，为海上活动提供重要资料的海域基本测量。目前，水下地形测量中常用单波束测深仪和多波束测深仪。

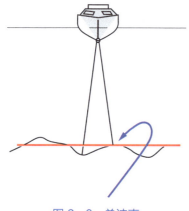

图 3-3 单波束

单波束（见图 3-3）测深仪是常规水深测量的基础设备，其主要原理是通过换能器垂直向下发射短脉冲声波，当这个脉冲声波遇到海底时发生反射，反射回波返回声呐，并被换能器接收从而根据声波往返的时间和声波在海水中的传播速度计算出当前位置的水深。

随着对水深测量要求的不断提高，在单波束测深仪之后，多波束（如图 3-4 所示）测深系统也随着时代的需求应运而生，多波束测深系统是利用宽条带回声测量方法进行海底地形地貌探测、水深数据测量的测量设备。顾名思义，多波束即向海底发射上百个波束进行探测从而获得海底地貌的点云数据。

1. 测图比例尺和测线布设

（1）测图比例尺。测图比例尺应根据实际需要和海底浅部地质地貌的复杂程度确定，一般规定为：① 近岸段（岸线至水深 20m 的路由海区），不小

于 1:5000 比例尺；② 浅海段（水深 20m～1000m 的路由海区），1:5000～
1:25000 比例尺；③ 深海段（水深大于1000m的路由海区），1:50000～1:100000
比例尺。

图 3-4　多波束

（2）测图分幅。测图分幅采用自由分幅，以较少图幅覆盖整个测区为原则。
相邻图幅之间和路由转折点区域应有一定重叠，重叠量应不小于图上 3cm。

（3）图幅尺寸。标准图幅尺寸为：50cm×70cm、70cm×100cm、80cm×
110cm，也可根据需要采用其他图幅尺寸。

（4）测线布设：

1）近岸段、浅海段主测线应平行预选路由布设，总数一般不少于 3 条，其
中一条测线应沿预选路由布设，其他测线布设在预选路由两侧，测线间距一般为
图上 1～2cm。检测线应垂直于主测线，其间距不大于主测线间距的 10 倍。

2）进行不要求埋设的深海段路由勘察时，在保证多波束测深全覆盖测量的
前提下，主测线可少于 3 条。主测线布设如图 3-5 所示。

3）使用多波束测深系统进行水深测量时，应进行路由走廊带的全覆盖测
量。主测线布设应使相邻测线间保证 20%的重复覆盖率；检测线根据需要布设，
间距一般小大于 10km。

2. 单波束测量

（1）设备。主要由导航定位、水深测量、声速测定、潮位数据采集等
组成。

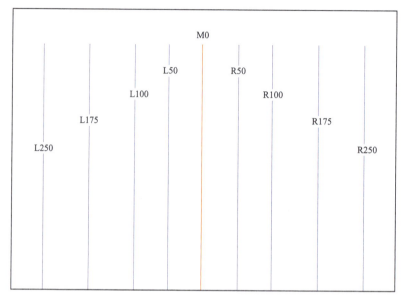

图 3-5　主测线布设示意图

1）导航定位一般由 Trimble SPS356 差分 GPS、笔记本电脑和 HYPACK 导航软件组成。导航使用的信标机精度为亚米级，满足作业要求。HYPACK 导航定位软件如图 3-6 所示。Trimble SPS 356 如图 3-7 所示。Trimble SPS356 定位系统技术参数见表 3-2。

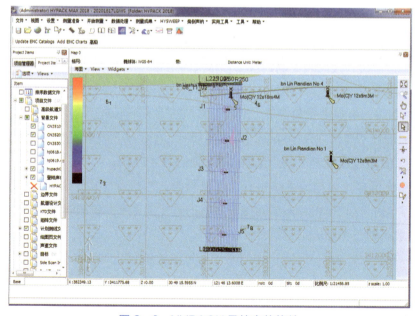

图 3-6　HYPACK 导航定位软件

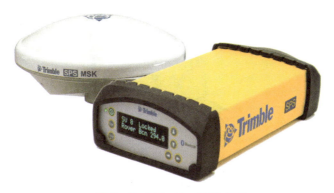

图 3-7　Trimble SPS 356

表 3-2　　　　　　　　　Trimble SPS356 定位系统技术参数

技术指标	参数
天线	L1/L2GPS，MSK 信标，SBAS，和 OmniSTAR
观测值	72 个通道、L1C/A 编码、L1/L2 全周期载波
码差分 GPS 定位	水平精度 0.25m＋1ppm RMS
垂直精度	0.50m＋1ppm RMS
OmniSTAR 定位	VBS 服务精度水平＜1m；XP 服务精度水平 0.2m
HP 服务精度	水平 0.1m
定向精度	2m 天线距离 0.09°RMS；10m 天线距离 0.05°RMS
1PPS（每秒 1 脉冲）	可用
内置 MSK 信标接收机	频率范围为 283.5～325.0kHz 频道间隔 500Hz
接收机定位更新率	1Hz，2Hz，5Hz，10Hz，20Hz 定位
数据输出	NMEA，GSOF，1PPS 时间标签

　　2）水深测量可采用美国生产 HY1603 型精密回声测深仪，具有数字记录和模拟记录同步记录的功能。HY1603 单波束测深仪如图 3-8 所示。HY1603 单波束测深仪系统参数见表 3-3。

图 3-8　HY1603 单波束测深仪

表 3-3　　　　　　　　HY1603 单波束测深仪系统参数

技术指标	参数
频率	208kHz，波束角＜8 度
测深精度	＋（0.01m＋0.1%D）（D 为所测深度）
测深范围	0.3～300m
分辨率	0.01m
工作环境	0～40℃

3）声速测定。声速测定可使用 AML-3 声速剖面仪。AML-3 声速剖面仪如图 3-9 所示。AML-3 声速剖面仪系统参数见表 3-4。

图 3-9　AML-3 声速剖面仪

表 3-4　　　　　　　　AML-3 声速剖面仪系统参数

技术指标	参数
环鸣频率	10.7kHz
采样率	5Hz
测量精度	±0.05m/s

技术指标	参数
声速测量范围	1375～1625m/s
测深测量范围	0～100m
分辨率	0.015m/s
工作环境	−2～32℃

4）潮位数据采集。潮位数据采集可使用 DT100PRO 潮位仪，DT100PRO 潮位仪如图 3−10 所示。DT100PRO 潮位仪系统参数见表 3−5。

图 3−10　DT100PRO 潮位仪

表 3−5　　　　　　　　　　　　DT100PRO 潮位仪系统参数

技术指标	参数
压力精度	0.05%FS
压力范围	20m，50m，100m 量程可选
压力温补范围	−5～40℃
温度精度	0.03℃
温度响应时间	＜10ms
分辨率	0.001℃
温度范围	−5～40℃
采样频率	8Hz

（2）外业实施：

1）导航定位。外业作业前，在已知平面控制点上进行 DGPS 系统静态精度测定，并通过连续接收不小于 25h 的差分定位数据，分析评价 DGPS 系统的点位测量精度和稳定性。

在调查船上设置差分移动台，并将设计测线、测区、背景情况等资料输入 HYPACK，HYPACK 实时读取 DPGS 数据和测深仪水深数据，经过计算处理后再导航屏幕上同步更新显示 DGPS 位置、水深数据以及调查船航迹、航向、速度、偏航距等信息。

调查船按预先布设的测线提前 10m 上线，并根据电脑指示随时修正航向并保持航速，从而确保了测线的质量。同时该系统采用计算机同步采集定位数据和水深等数据，采集速率为 1 次/s。测量过程中导航人员严密观察 DGPS 接收机的卫星信号、差分锁定情况，并做好相应的记录。

2）水深测量。单波束水深测量系统安装调试完成后（如图 3–11 所示），打开导航软件，指挥测量船驶入测区范围内，选择待测量的测线，在距离测线开始 100m 处调整船舶走向，保持与测线方向一致，计算机实时采集定位、水深等数据，显示到图形界面。根据预定测线，动态修正航向、航速（保持在 4 节左右），使测量船沿预设测线走航，当实际航迹偏离测线超过 12.5m 时，应安排进行补测，一般测量采用距离控制的测量模式，测点间隔为 10m。一条测线结束后，应继续沿测线方向走航 100m 后方可停止记录，并选择另外一条线重新上线测量，测量时应做好班报记录。

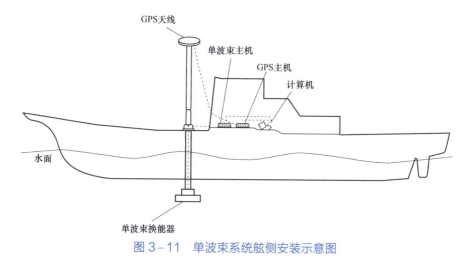

图 3–11　单波束系统舷侧安装示意图

3）声速测量。每天在水深测量时采用自容式声速剖面仪进行声速剖面测量，测量前应对声速剖面仪通电检查，确认工作指示灯正常显示后方可进行。测量时应匀速、缓慢将声速剖面仪下放和收起，结束后应及时将声速剖面数据导出至电脑并做好备份。声速剖面测量的同时应在导航软件内记录测量点位置信息，并在班报内做好相关记录。

4）吃水测量。每天测量开始和结束时，通过在单波束换能器安装杆上每0.1m 做好的吃水标记，分别测量单波束换能器的吃水数据，并做好相应记录，在船舶走航测量时，应定时观测换能器安装杆是否有松动情况。应在测量船舶补给前后加密观测换能器吃水情况。

5）潮位测量。为了有效地控制测区的水位，提高水下地形测量的精度，一般选择在测区附近码头设置临时潮位站，如果海底电缆跨度较大，根据需要增加临时潮位站数量。潮位观测覆盖整个作业时长，同时收集附近海洋站长期潮位观测数据和潮位基准与1985国家高程基准（二期）相对位置关系，用于水深数据的改正。

临时潮位站一般采用固定安装式潮位，固定在码头，不会影响到过往船舶的航行安全。作业前根据整个测区设计临时潮位站的布设位置，其投放的时间覆盖整个工程项目作业时间，即项目作业前要进行投放，项目外业结束后才能取出临时潮位站。

临时潮位站与长期潮位站的联测可以提供更全面和准确的水文数据。通过在项目期间设置临时潮位站，并将其数据与长期潮位站的数据进行比对和分析，可以更好地了解水位变化的趋势和规律。这样联测可以帮助监测项目潮位站数据的一致性和可靠性，以及验证临时潮位站与长期潮位站数据的准确性。

（3）资料处理和解释：

1）导航定位数据处理。在测量过程中，当GNSS数少于4颗或信号不稳定，发生信号异常，差分数据链传送障碍而造成差分信号失锁时，可出现定位点跳跃，从而导致定位数据异常点出现。内业处理时，采用Hypack导航软件进行定位数据异常值检测及修正，按天依次对每条测线进行预处理。在Hypack软件后处理程序打开测线原始数据，测线原始数据在"测量窗口"中会以航迹线的形式显示，通过航迹线上各炮点的相对位置来检查定位数据，如果"飞炮"点或不合理点，在软件中对其进行删除或插值修正。

2）水深数据处理。在水深测量过程中不可避免地受到海上各种因素的影响，极易造成水深异常点。按要求水下地形测量必须经过回放检查，以保证水深数据质量。水深测量的内业工作主要包括数据清理、数据改正，生成水深剖面数据，以及等深线。水深数据预处理包括异常水深数据验证，假信号的剔除。利用临时潮位站数据，同时收集舟山海洋站长期潮位数据，获取勘察期间的实测潮位数据。水深测量数据的改正主要包括吃水改正、声速改正和潮位改正，通过以上改正，将采集水深数据统一归算。利用改正后水深测量数据，生成海底等深线、沿程水深剖面。

（4）测量成果。水下地形三维图如图 3-12 所示。水深分色示意图如图 3-13 所示。路由工程海域水下三维分色图如图 3-14 所示。路由工程海域地形平面分色图如图 3-15 所示。

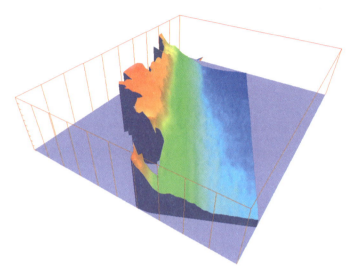

图 3-12 水下地形三维图

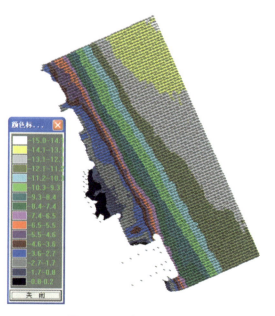

图 3-13 水深分色示意图

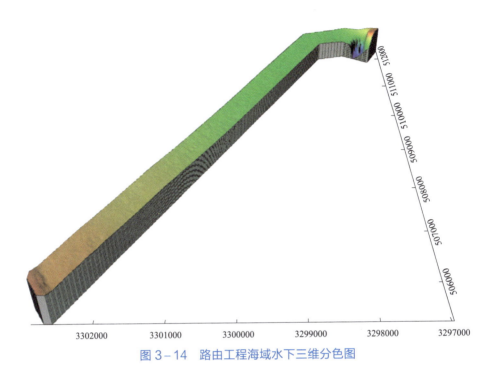

图 3-14 路由工程海域水下三维分色图

图 3-15 路由工程海域地形平面分色图

3. 多波速测量

（1）设备。Sonic 2022 是基于第 5 代声呐结构的多波束测深仪。在它们的接收换能器内嵌入了处理器和控制器，用网络完成数据通信，这使安装非常简单。控制 Sonic2022 操作的声呐控制图形用户界面（GUI）是一个绿色软件，它可以运行在任何 Windows 计算机上。Sonic Control 控制软件通过以太网与声呐接口单元（SIM）通信。SIM 盒的功能是为声呐头提供电源，为连接在其上的其他传感器提供时间标准，传递命令给声呐头和将原始多波束数据发送到数据采集计算机。Sonic2022 实时监控界面如图 3−16 所示。Sonic2022 技术参数见表 3−6。

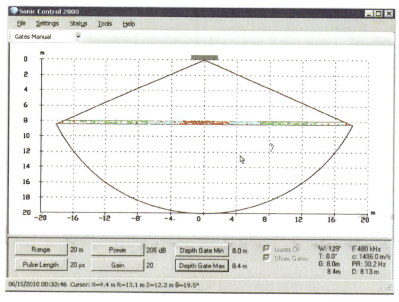

图 3−16　Sonic2022 实时监控界面

表 3−6　　　　　　　　　　　Sonic2022 系统技术参数

技术指标	参数
信号带宽	60kHz
量程分辨率	1.25cm
工作频率	200～400kHz 实时可选
波束角度（垂直航线×沿航迹）	400kHz：1°×1°；200kHz：2°×2°
覆盖宽度	10°～160°实时可选

续表

技术指标	参数
波束个数	256
最大量程	500m
发射速率	最大到 75Hz
脉冲长度	10μs~1ms
耐压	100m
电源	90~260VAC，45~65Hz
功耗	35W

通过 Sonic Control 控制软件，用户可以在 200~400kHz 范围内实时地选择 Sonic 2022 的工作频率，不需要停机，甚至不需要停止数据记录，就可修改频率。用户还可以选择 Sonic2022 的条带覆盖宽度，范围为 10°~160°，而波束个数一直保持为 25 个，改变时也不需要停机或停止数据记录。

针对倾角较大的海堤近岸段，整个条带扇区还可以实时旋转扇区进行倾斜测量，以适合特殊地形的需要，而且改变条带覆盖宽度和旋转扇区指向的操作都可以通过拖动鼠标实现。

Sonic2022 系统的 MBESS 由三个主要部件构成，如图 3-17 所示。

1）水下声呐系统：收发机/处理器控制单元（SIM）、多波束采集系统（MCS）、采集计算机。

2）软件包：EIVA 采集软件、Caris 软件。

3）其他：声速剖面仪、OCTANS 罗经、定位接收机。

（2）外业实施：

1）参数设定。多波束系统的参数设定主要有横摇、纵倾、罗径、船吃水深度等。横摇、纵倾参数必须在正式测量前进行测定；船吃水深度必须在每个作业周期内进行测量；调查船结构变化而引起船体重心变化，纵倾、横摇参数必须重新测定并进行航行试验。

2）海上导航定位。采用差分 RTK-GPS 系统导航定位，定位中误差优于 1M，坐标系统为成 CGCS2000 坐标系，采用北京时间（GMT+8）。

3）实时监控。实时监控的内容应包括系统工作状态是否正常、声呐参数设置是否合理、数据质量、数据记录与否、条幅覆盖状况、航线航向以及测线间距的及时调整；测线间出现空白区时要及时补测或纳入补测计划；波束接收率小于85%时，要降低船速或提高测线的重复率；当导航定位超过规定的偏差时，及时调整；注意数据是否记录；注意系统是否正常。

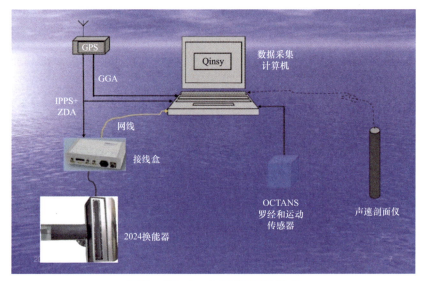

图3-17 Sonic2022系统组成

4）多波束校准工作。在勘测海区附近进行了多波束系统的校准。数据在EIVA中计算处理，多波束扫海测量采集界面（局部）如图3-18所示。PPS同步可以不用时间延迟校准。在平坦海区布设一条500m测线，以6节航速测量1次，再以6节航速以相反的方向测量1次，可以得出横摇偏差Roll；在特征障碍物上布设一条500m测线，以6节航速测量1次，再以6节航速以相反的方向测量1次，可以得出纵摇偏差Pitch；在特征障碍物上平行布设两条500m测线，测线间距60m，都以6节航速以同样的方向测量1次，可以得出艏向偏差Yaw。

5）潮位测量。为了有效地控制测区的水位，提高水下地形测量的精度，一般选择在测区附近码头设置临时潮位站，如果海底电缆跨度较大，根据需要增加临时潮位站数量。潮位观测覆盖整个作业时长，同时收集附近海洋站长期潮位观测数据和潮位基准与1985国家高程基准（二期）相对位置关系，用于水深数据的改正。

图 3-18　多波束扫海测量采集界面（局部）

临时潮位站一般采用固定安装式潮位，固定在码头，不会影响到过往船舶的航行安全。作业前根据整个测区设计临时潮位站的布设位置，其投放的时间覆盖整个工程项目作业时间，即项目作业前要进行投放，项目外业结束后才能取出临时潮位站。

临时潮位站与长期潮位站的联测可以提供更全面和准确的水文数据。通过在项目期间设置临时潮位站，并将其数据与长期潮位站的数据进行比对和分析，可以更好地了解水位变化的趋势和规律。这样联测可以帮助监测项目潮位站数据的一致性和可靠性，以及验证临时潮位站与长期潮位站数据的准确性。

（3）资料处理和解释。采用 Caris HIPS 软件对多波束数据进行处理。HIPS软件的两大特点是海洋测量数据清理系统（HDCS）和数据的可视化模型。HDCS采用科学的数学模型对水深数据进行归算、误差识别与分析，采用半自动数据归算、过滤和分类工具提高人机结合的工作效率，最大限度地消除水深数据中的误差，以得到理想的精度；数据的可视化模型是 HIPS 的又一大特点，从原始数据进入 HIPS 软件到形成最终的成果，数据处理的每一步都是在可视化的状态下进行，操作简单直观，流程清晰。

（4）测量成果。码头前沿桩基点云效果图如图 3-19 所示，水下沉船点云如图 3-20 所示。

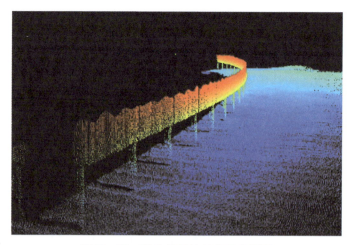

图 3-19　码头前沿桩基点云效果图

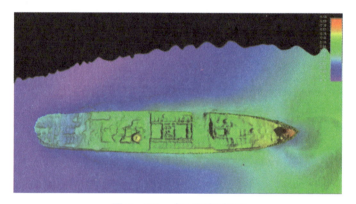

图 3-20　水下沉船点云

➤ 3.2　海底地层剖面探测 ◄

3.2.1　探测范围

探测范围应符合下列要求：

（1）海底电缆路由勘察地层剖面探测在沿路由中心线两侧一定宽度的走廊带范围内进行，勘察走廊带的宽度在登陆段一般为 500m，在近岸段一般为 500m，在浅海段一般为 500～1000m，在深海段一般为水深的 2～3 倍。

（2）电缆分支处的探测在以其为中心的一定范围内进行，在浅海段探测范围一般为 1000m×1000m，在深海段探测范围一般为 3 倍水深宽的方形区域。

（3）路由与已建海底电缆、管道交越点的探测在以交越点为中心的 500m 范围内进行。

（4）不同船只调查区段交接处的重叠探测范围在浅海段一般为 500m，在深海段一般为 1000m。

3.2.2　海上作业的一般要求

（1）近海地层剖面探测船应能适应 2 级海况或蒲氏风级 3 级条件下作业，远海地层剖面探测船应能适应 4 级海况或蒲氏风级 5 级条件下作业。探测船应能保持 5kn 以下航速工作，能满足剖面探测对导航定位、安全、消防、救生、通信、供电、设备安装与收放等方面的要求。

（2）探测、定位仪器设备的技术指标应满足地层剖面探测的要求，应在检定、校准证书有效期内使用，并处于正常工作状态；无法在室内检定、校准的仪器设备应与传统仪器设备进行现场比对，考察其有效性；仪器设备的运输、安装、布放、操作、维护应按其使用说明书的规定进行。

（3）勘察技术人员应取得由合法资质机构颁发的与勘察项目相符的上岗资质证书，能胜任岗位工作。船员应取得船员适任证书、专业培训合格证、特殊培训合格证、健康证书等相关上岗证书。所有船上人员均需持《海上设施工作人员海上交通安全技能培训合格证》。

（4）值班人员应遵守值班和交接班制度，认真作好班报记录。班报记录应统一、规范。班报记录由值班人员填写，交接班时由接班人核验，确保内容完整可靠。

（5）因故测量中断或同一测线分次作业时，要按同一方法进行补测，并重叠 3 个定位点以上。

（6）应及时记录观测到的与路由勘察相关的海上交通、渔业捕捞等海洋开发活动情况。

（7）海上作业采集和观测到的各类原始资料、记录、样品等应给予唯一性标识。

（8）实施全过程质量控制，对海上获取的原始资料进行现场质量检查、验收，对未达到技术要求的，应进行补测或重测，对测试和资料的处理结果进行质量检查。

3.2.3　剖面探测走航要求

（1）调查船应匀速、直线持续航行，不得随意停船；转换测线时不得小角度转弯。

（2）浅水型地层剖面探测作业时航行速度不大于5kn，深水型地层剖面探测作业时航行速度不大于3kn。

（3）勘察船应沿测线延伸线提前上线、延时下线；延伸线长度应不少于2倍拖缆长度。

（4）航迹与设计测线偏离距应不大于测线间距的20%。

（5）定位标记点的图上间距应不大于1cm。

（6）班报记录应详细记录测线号、航向、首尾点号、日期时间、卫星信号质量指标、中断情况及处理方案等。

3.2.4　剖面探测导航定位技术要求

（1）定位方法采用实时差分GPS技术，GPS接收天线应安装在调查船上净空条件好的部位，远离通信天线和雷达。

（2）导航软件应尽满足各设备同步定位，计算剖面探测传感器与GPS接收天线之间的相对距离，确定各传感器的真实位置，并作好位置参数改正记录，包括船只导航、测深仪定位、地层剖面仪定标。

（3）定位准确度不大于±5m。

（4）坐标系采用WGS–84坐标系统，根据需要也可采用其他坐标系统。投影采用墨卡托投影，根据需要也可采用高斯–克吕格投影及UTM投影等。

（5）工作前要求在已知点上进行GPS比测试验，若采用非WGS–84坐标系统，应在测区附近进行至少三个已知国家等级控制点的比测试验，计算相应的坐标转换参数。

（6）应将海上定位导航软件和测深软件集成到一起，在导航过程中实时控制测深。

（7）在导航定位的工作过程中，导航定位计算机在定位的同时，通过定标器给地层剖面仪同步定标。计算机自动采集测点号、测量时间和测点坐标，并记录到采集系统中。定位间隔一般可按照每5～20m采集一次。

3.2.5 定位资料整理要求

1. 作业资料整理与检查

（1）值班记录中应记录每日作业情况、设备故障及作业中遇到的问题。

（2）导航定位值班记录应与地球物理调查值班记录和调查记录纸所记的测线号、点号、日期时间一致。

（3）打印资料应注明内容，不得对其中的任何部分进行涂改或撕贴。

（4）数据电子文件应包括如下要素：线号、点号、日期、时间、经纬度、直角坐标及备注等；对数字记录磁盘/光盘进行标识，包括调查海区、单位、日期、仪器名称和型号、测线号、起止点号/炮号、记录格式等。

2. 内业资料整理和航迹图绘制

（1）严禁修改原始数据。

（2）编制工程地球物理调查航迹图。

3.2.6 剖面探测技术要求

1. 测图比例尺

地层剖面探测测图比例尺应根据实际需要和海底浅部地质地貌的复杂程度确定，一般规定为：① 近岸段不小于 1:5000 比例尺；② 浅海段 1:5000～1:25000 比例尺；③ 深海段 1:50000～1:100000 比例尺。

2. 测线布设

近岸段、浅海段主测线应平行预选路由布设，总数一般不少于 3 条，其中一条测线应沿预选路由布设，其他测线布设在预选路由两侧，测线间距一般为图上 1～2cm。检测线应垂直于主测线，其间距不大于主测线间距的 10 倍。

以近岸段探测走廊带 500m 的宽度为例，按照 1:5000 测图比例尺，测线间距为图上 1cm，平行预选路由剖线间距为 50m，平行预选路由共布置 11 条测线，垂直于主测线的检测线间距不大于 500m。

3. 地层剖面仪要求

（1）海底电缆路由勘察通常进行浅地层剖面探测，声源一般采用电声或电磁脉冲，频谱为 500～15000Hz。

（2）发射机应具有足够发射功率，接收机应具有足够的频带宽和时变增益调节功能，能同时进行模拟记录剖面输出和数字采集处理与存贮。

4. 探测深度及精度要求

（1）剖面探测应获得海底面以下 10m 深度内的声学地层剖面记录。

（2）剖面探测地层分辨率应优于 0.2m。

（3）记录剖面图像应清晰，没有强噪声干扰和图像模糊、间断等现象。

5. 地层剖面探测实施要求

（1）每次出海前，应检查仪器设备稳定情况及线路联通情况。

（2）为确保工作质量，应对方法的有效性进行试验工作，试验内容为最佳工作装置和工作参数选择，包括仪器性能测试、仪器采集参数选择（记录长度、采样率、滤波范围），设备布设参数（入水深度、航速试验，采集时间间距等）。

（3）进入测线探测前，应根据测区水深、底质条件，充分调试仪器，选择最佳工作参数。进行接收机总增益、TVG 增益和接收频段选择调节，使探测剖面获得最佳穿透率和分辨率；拖曳式作业时，应尽量减小换能器入水角，使拖曳阵保持平稳。

（4）作业期间，采取一切必要措施，降低噪声和其他干扰因素，提高信噪比，保证记录质量；调节好记录时间延迟，使同一测线的记录量程一致。

（5）测量时记录震源以及水听器到 GPS 天线的距离，在资料处理时使用后处理软件进行位置的自动改正。

（6）拖曳式声源和水听器阵应拖曳于船尾涡流区外且平行列置，水听器阵应稳定拖浮在海面以下 0.1～0.5m。

（7）水深变化较大时，应及时调整记录仪的量程及延时。

（8）在风浪较大情况下，应使用涌浪补偿器或数字涌浪滤波处理方法进行滤波处理。

（9）模拟记录图像标注，其内容包括项目名称、测线号、调查日期、测线探测起始与结束时间、测线起止点号和测量者、时标、水深、仪器型号、仪器参数等。

（10）值班班报记录内容包括项目名称、调查海区、测量者、仪器名称与型号、日期、时间、测线号、点号、海况、航速、航向、仪器作业参数、记录纸卷号、数字记录文件名，周围环境状况及特殊情况处理。

（11）保证测线剖面记录的完整性，漏测 2 个定位记点、记录图谱无法正确判读时，应进行补测。

（12）对现场记录剖面图像初步分析发现可疑目标时，应布设补充测线以确定其性质。

水下拖曳单元如图 3-21 所示。剖面探测现场采集图如图 3-22 所示。

图 3-21　水下拖曳单元

图 3-22　剖面探测现场采集图

3.2.7　探测资料整理与解译

1. 地层剖面探测应按如下要求进行资料整理

（1）检查值班记录、地层剖面模拟图像记录和数字记录是否完整、清晰，测线、点位、点号是否一致。

（2）将采集到的地层剖面数据通过解析软件进行处理，主要包括 TVG 调节、带通滤波等。辨别数据中因地形起伏造成的干扰信号、噪声及不具工程意义的探测信号，对比资料的硬拷贝及数字记录对资料的回放识别记录上的干扰波，去除假象；对地层反射特征进行识别及判读。

（3）海况、生物、尾流及螺旋桨空化引起的背景噪声属于宽带，在记录上表现为均匀的"雪花"状；机械振动及仪器接地不良引起的电噪声属于窄带，记录上表现为特殊的条带。与发射脉冲和扫描频率有关的声发射反向散射能量造成混响噪声，它常出现于大功率声源在浅水区工作时，使地层回波模糊，记录分辨率低。

2. 地层剖面探测应按如下要求进行资料解译

（1）根据剖面图像的反射结构、振幅、颜率和同相轴连续性等特征，结合地质钻孔资料等，划分声学地层层序，解释海底沉积物结构、地层构造，并推测其沉积物类型、沉积环境及其工程地质特性等。分析地层中的地质灾害要素，确定其性质、大小、形态、走向及分布范围。

（2）依据钻孔层位对比、声速测井或其他测量方法获取的实际地层声速资料进行时间－深度转换。没有实际地层声速资料时，可采用不同深度地层的声速经验值进行时间－深度转换，并在图上注明。

（3）地层剖面解释内容包括追踪反射界面，划分反射波组，分析反射波组的特征，进行地质解释等。

（4）层组内反射结构、形态、能量、频率等基本相似，与相邻层组有显著差异。

（5）区域性强反射界面，且邻层对比差异明显，通常是不同沉积物类型的界面或沉积间断面；层内及层界面的反射波位移（错位）或扭曲变形，一般是断裂或构造运动引起的地层牵引。

（6）波层组呈现声屏蔽现象，在杂乱反射情况下出现透明亮点，通常反映沉积物中存在着含气层。

（7）层界面起伏较大，其下波反射模糊，一般定为声波基底。

（8）呈双曲线反射现象常是水下管道或较大的特异物体（如沉船等）的反映。

（9）同一层组波反射连续、清晰、可区域性追踪。

（10）地层剖面的准确解释应与钻探资料相结合。

（11）主测线与联络线剖面相同层组的反射界面应能闭合。

地层剖面探测解译断面图如图 3-23 所示。

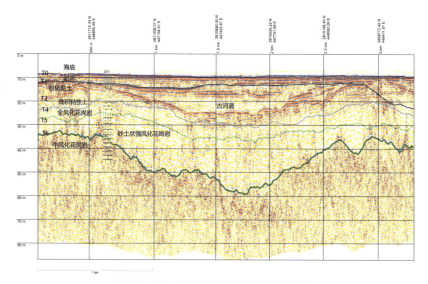

图 3-23　地层剖面探测解译断面图

3. 成果图件编制应符合下列要求

（1）地层剖面图垂直与水平比例应合理，纵横比例不应小于 1:25；图面内容包括地形剖面线、地层界面、岩性、灾害地质要素、主要地物标志、取样站位、钻孔位置及其柱状图和测试结果等。

（2）浅部地质特征图，图面内容主要包括重要地层层次的厚度等值线或顶面埋深等值线、重要的地形地貌及浅部地质现象、灾害地质因素、地物标志、海底取样站位和钻孔位置及测试结果等。浅部地质特征图内容较少时可与海底面状况图合编。

▶ 3.3　海底电缆工程勘察底质取样测试 ◀

3.3.1　海底电缆工程勘察取样方法及要求

1. 取样方法

底质取样分为柱状取样和表层取样两种，柱状取样可使用重力取样器和振动取样器，表层取样可使用蚌式取样器和箱式取样器。

2. 取样技术要求

取样站位布设间距为近岸段为 500～1000m，浅海段为 2～10km，深海段一般不设取样站位。应根据工程地球物理勘察初步结果对站位布设做适当调整，在地形坡度较、地质变化复杂或灾害地质分布区应加密取样站位。

柱状样直径应不小于 65mm。黏性土柱状样长度应大于 2m，砂性土柱状样长度应大于 0.5m，表层地质取样量应不少于 1kg。柱状样采集长度达不到要求时应再次取样，连续两次以上未采到样品时，可改为蚌式取样器或箱式取样器取样。用蚌式采样器或箱式取样器取样三次以上仍未采到样品时，应分析其原因，确认是地质因素造成时，可不再取样。

根据经批准的勘察纲要中的试验项目和数量，按不同试验项目对样品量的要求确定样品采取数量。取样之前先根据钻探取芯进行岩土分层确定取样层位、取样等级。取样操作执行《岩土工程勘察规范》（GB 50021—2001，2009 年版）9.4 条的规定。操作要求如下：

（1）取样间距宜按 1.0～1.5m 进行，在厚度大于 2.0m 的各土层（含全风化层）或者厚度小于 2.0m 分布较广的特殊土层中取不扰动样，纯净的砂取扰动样。

（2）软土取样必须符合《软土地区岩土工程勘察规程》（JGJ 83—2011）第 4.3.3、4.3.4 条的规定，用薄壁取土器取不扰动样。

（3）取样孔数不宜少于总孔数的 1/2，取样孔应均匀分布在勘察范围内，不同的地貌和地质单元应有取样孔控制，可根据勘察现场的情况确定取样孔。

（4）机台在开钻前准备好取土器、土样盒、胶布、石蜡和封蜡锅等器具。检查孔底有无残留土，如残留土超过 10cm 时，则先清除再取样。

（5）取样之前，检查取土器内的样盒安放是否到位，排气孔是否被堵塞、取土器的橡皮垫是否损坏等。经检查认为符合要求时才可将取土器放入孔内。取样时要严格控制贯入深度。

（6）取样需满足试验要求。对测定物理化学性质的样品，可取扰动土样；对测定物理力学性质的样品，需要采取原状土样。

（7）土样经检查合格之后，应立即装进样盒，样盒标明"上.""下"方向，填写标签贴上。随后用石蜡将样盒接缝处密封防止水分蒸发。软质岩样应及时用胶布或塑料膜包裹，防止岩样失水开裂。

（8）取样当日送往试验室，运送样品时要严防震动，软质岩石防止受压或撞击受损。

（9）盛水用的器皿（玻璃瓶或塑料壶），在取样前应先用洗涤液认真清洗，再用蒸馏水冲洗一次才能提供使用或以预取之水冲洗几次，然后盛水取样。

（10）水样的取样体积：简分析水样不少于 1000mL，全分析水样不少于 3000mL，分析侵蚀性 CO_2 的水样不少于 500mL，并加大理石粉 2.0～3.0g。

海上勘探与取样作业如图 3-24 所示。

图 3-24　海上勘探与取样作业

3. 样品编录和处理

地质人员在进行地质编录前应充分熟悉勘察范围内的第四系地质及基岩地质特点，掌握区域内的地质构造的大致分布情况。在项目技术负责人的指导下共同完成第一个钻孔的编录并统一认识后，再按照以下技术要求进行独立进行各钻孔的地质编录。

（1）样品编录。样品编录内容成包括工程名称、作业海域、取样站号、日期、位置、水深、取样次数、贯入深度、取样长度、扰动程度、钻孔编号、钻孔坐标、开孔水深、回次孔深、岩性描述及划分地层等。

（2）岩性描述。对于不同类型地层，岩性描述应包括下列内容：

1）碎石土：名称、颜色、颗粒级配、颗粒形状、颗粒排列、母岩成分、风化程度、充填物的性质和充填程度、密实度及层理特征等。密实度可根据重型动力触探击数划分：松散（N63.5≤5）、稍密（5＜N63.5≤10）、中密（10＜N63.5≤20）、密实（N63.5＞20）。

2）砂土：名称、颜色、矿物成分、颗粒级配、颗粒形状、粘粒含量、湿度、密实度及层理特征等。密实度可根据标准贯入锤击数 N 划分为：密实（N＞30）、中密（15＜N≤30）、稍密（10＜N≤15）、松散（N≤10）。湿度可根据土的饱和度 Sr 划分为稍湿（Sr≤0.5）、很湿（0.5＜Sr≤0.8）、饱和（Sr＞0.8）三种。

3）粉土：名称、颜色、气味、湿度、密实度、摇震反映、干强度、韧性、包含物等；颗粒级配及层理特征等。密实度应根据孔隙比 e 划分为：稍密（e＞0.9）、中密（0.75≤e≤0.9）、密实（e＜0.75）；其湿度应根据含水量 W 分为：稍湿（W＜20%）、湿（20%≤W≤30%）、很湿（W＞30%）。

4）粘性土：名称、颜色、状态、气味、光泽反映、摇震反映、干强度、韧性、结构、包含物、土层结构、层理特征等；状态应根据液性指数 IL 分为：坚硬（IL≤0）、硬塑（0＜IL≤0.25）、可塑（0.25＜IL≤0.75）、软塑（0.75＜IL≤1）、流塑（IL＞1）五种。

5）岩石的描述应包括名称、成因、地质年代、风化程度、颜色、主要矿物、结构、构造、胶结程度、岩石强度、裂隙特征、岩芯块度（长度）质量指标、岩体基本质量等级、地下水活动痕迹和溶蚀情况等。

6）特殊性土除描述上述相应土类规定的内容外，尚应描述反映其特殊成分、状态和结构的特征。如淤泥尚需描述嗅味，对填土尚需描述物质成分、堆积年代、密实度和厚度的均匀程度等。

（3）样品包装。取样样品包装应符合下列要求：

1）岩土试样样品应在现场封存，标明取样深度、上下顺序、编号后竖直放置装箱。柱状样宜分段切制、分别编号，标注取样名称、表明上下方向、深度、用胶带和腊密封、竖直放置在专用的土样箱中。

2）表层样或扰动的柱状样，应用牢固的塑料袋进行包装封口，标明取样名称、站号和取样深度，放置专用的土样箱中。

3）用作地质、生物、化学等试验的样品，应根据其特殊要求进行取样、包装和存放。

4）岩芯管内的样品应用推土器从取样管中推出，按上下顺序存放到岩芯箱内，用岩芯牌分开每一回次的岩芯，岩芯牌上用油漆标明钻进开始和终止深度，岩芯缺失处需标明。

（4）样品存放。所有样品应存放在防晒、防冻、防压的环境中，条件许可时宜存放在有温湿控制的实验室内。

（5）取样间距要求。钻孔取样间距，对于淤泥或淤泥质土宜为 1.0m，其他土层取样间距宜为 1.5~2.0m，在充分分析前期已有钻孔、试验资料的基础上，根据场地地层分布、厚度以及评价需要，并充分考虑试样的代表性和分布的均匀性，合理安排取样位置及取样数量，应保证主要土层有效指标数量不宜少于 6 组；在地基的主要受力层，对厚度大于 0.5m 的夹层或透镜体，应采取原状样或进行原位测试；场区内淤泥质土、粘性土取原状样采用薄壁取土器，砂土采用原状取砂器。在充分分析、利用已有资料的前提下，根据评价需要合理安排室内土工试验，主要土层有效指标数量需满足 6 组的统计要求。

3.3.2　海底电缆路由勘察试验内容

1. 岩、土物理力学试验指标

对于海底电缆路由勘察试验，各类岩土需提供完整、有效的物理力学参数，主要试验指标要求如下：

（1）粘性土试验应提供比重、天然含水量、天然密度、天然孔隙比、饱和度，液限、塑限、液性指数、塑性指数，压缩系数、压缩模量、抗剪强度、渗透系数等土工试验指标。各土层压缩系数、天然快剪、固结快剪试验数量占该土层样品总数量的 1/3；固结系数、渗透系数每土层提供有效数据宜大于等于 6 个。

（2）砂类土试验应提供重、水上和水下坡角，并进行颗粒分析试验，提供级配、特征粒径、不均匀系数、曲率系数、土名和粘粒含量。

（3）对软土、粘性土应进行三轴压缩试验，提供不固结不排水三轴剪切试验（UU）、固结不排水三轴剪切试验（CU）的 C（粘聚力）、φ（内摩擦角）值，提供对应土层有效试验数据不少于 6 个。

（4）岩石试验项目如下：天然密度、单轴极限抗压强度、弹性模量、泊松比、抗剪断强度指标。其中，天然密度、弹性模型、泊松比、抗剪断强度指标各类岩石每层提供有效数据宜大于等于 6 个；根据岩石性质及岩芯情况，提供岩石软化系数有效数据不少于 6 个。根据评价岩体完整性需要，选择波速测试孔中的岩样进行岩块声波速度测试，每组岩石试验数量不少于 3 块。当取样困难或岩石裂隙极发育时，进行岩石点荷载试验，进行岩石单轴抗压强度换算。

物理试验设备如图 3-25 所示。力学试验设备如图 3-26 所示。

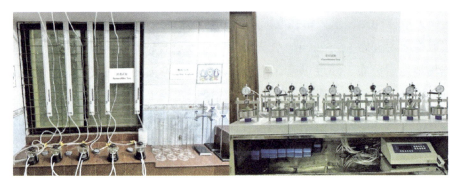

图 3-25 物理试验设备

图 3-26 力学试验设备

2. 水、土腐蚀性分析试验指标

海底电缆路由勘察根据工程设计要求进行水、土的腐蚀性专项分析，评价对建筑材料的腐蚀性。室内试验严格按《土工试验方法标准》（GB/T 50123—2019）、按《土工试验方法标准》（GB/T 50123—2019）、《岩土工程勘察规范》（GB 50021—2001）（2009 年版）及水、土分析试验的相关规程操作。

（1）水样、土样采样的数量一般控制在采样站总数的五分之一，每项工程不少于 3 个站位。水样需采集离海底 1.5m 以内的水样，土样一般采集电缆管道埋深位置。

（2）水质分析项目应包括 pH 值、游离 CO_2、侵蚀性 CO_2、矿化度、硬度、Na^+、K^+、Mg^{2+}、Ca^{2+}、NH_4^+、Cl^-、SO_4^{2-}、$HCO3^-$、NO_3^-、OH^- 等。土样分析项目应包括 pH 值、矿化度、Na^+、K^+、Mg^{2+}、Ca^{2+}、NH_4^+、Cl^-、SO_4^{2-}、$HCO3^-$、NO_3^-、OH^-、氧化还原电位、电阻率等。

（3）有机质含量，主要包含附着生物和钻孔生物等。

海底电缆路由勘察主要实验内容与方法见表 3-7。

表 3-7 海底电缆路由勘察主要实验内容与方法

试验内容	试验方法
含水量	烘干法
密度	环刀法
比重	比重瓶法
液塑限	联合测定法
压缩试验	快速法
固结试验	标准固结试验法
颗粒分析	筛分法/移液管法
无侧限抗压强度	无侧限抗压强度试验方法
渗透试验	变水头渗透试验
有机质试验	—
水质分析	—
易溶盐分析	—
相对密度试验	—
水下休止角	—
剪切试验	直接剪切
	饱和快剪
	固结快剪
三轴试验	不固结不排水
	固结不排水
	固结排水
岩块试验	点荷载强度试验
	单轴抗压强度试验

3.3.3 海底电缆路由勘察取样测试方法

依据《岩土工程勘察规范》（GB 50021—2001）（2009 年版）、《土工试验方法标准》（GB/T 50123—2019）、《海底电缆管道路由勘察规范》（GB/T 17502—2009）。海底电缆路由勘察取样测试方法主要由船上和室内土工试验组成。

1. 船上土工试验

（1）试验内容。包括含水率、密度、泥温、无侧限压缩、小型十字板剪切和小型贯入仪试验等项目，应根据工程要求船上试验条件及土样性质确定试验内容。

（2）试验技术要求。

1）船上土工试验应符合下列技术要求：

a）样品取上后，按 3.3.1.3 样品编录和处理的要求进行样品编录积处理。

b）含水率、密度、无侧限压缩试验按《土工试验方法标准》（GB/T 50123—2019）中的第 4 章、5.1 和第 17 章的要求进行。

c）进小型十字板剪切试验和小型贯入试验，应在截取的岩芯样段两端或箱式原状样的中间部位进行。

d）小型十字板剪切试验和小型贯入仪试验适用于均质粘性土，试验时应根据土质的软硬程度，选取不同型号的测头和不同测力范用的仪器。

e）泥温可通过已有底层水温与泥温关系进行推算，或在土样取到船上后及时测定。

2）小型贯入试验应符合下列要求：

a）贯入时应避开试样中的硬质包含物、虫孔和裂隙部位，贯入过程中遇孤石后应重新试验。

b）贯入点与试样边缘间的距离和平行试验贯入点间的距离应不小于 3 倍测头直径，贯入过程中应保持测头与土样平面垂直，应以 1mm/s 的速度速贯入，直至测头上刻划线与土而接触为止，试验停止，记录试验读数，每个样品平行试验应不少于 3 次，取其平均值，作为测试结果。每次试验后应清除测头部的泥土，以保证试验结果的准确性。

c）记录试验仪器型号、探头规格、样品编号、试验深度、试验结果、试验人员等内容。

3）小型十字板剪切试验应符合下列要求：

a）用切土刀修平被测土样表面，将剪力板垂直插入被测土样，插入深度与剪力板高度一致。

b）将指针拨至零点，以 6/s 的速度匀速旋转剪力仪的扭筒，直至样品被剪断，每个样品平行试验应不少于 3 次，取其平均值，作为测试结果。

c）记录试验仪器型号、十字板头规格、样品编号、试验深度和试验结果、试验人员等内容。

2. 室内土工试验

主要试验内容参照 3.3.2 海底电缆路由勘察试验内容，以及《土工试验方法标准》（GB/T 50123—2019）、《岩土工程勘察规范》（GB 50021—2001）（2009年版）、《海底电缆管道路由勘察规范》（GB/T 17502—2009）中的要求执行。主要包括土体的基本物理及力学性质试验。针对海底泥砂场景，通常应首先保证取样的合理性及样品的完整性，因为后续淤泥土样包含多种物理力学试验，需保证样品长度在 50cm 及以上。对于砂类土，需要重视相对密度试验及水下休止角试验的取样用量，一般不少于 5.0kg/个样品。其次是土样的保存，海上勘察结束后岩土样品不宜置于船上过久，应尽早进行送样工作。

➤ 3.4　管　线　探　测　◄

3.4.1　仪器要求

磁法探测主要用于确定路由区海底已建电缆、管道和其他磁性物体的位置和分布。选用的磁力仪灵敏度应优于 0.05nT，测量动态范围应不小于 20000～100000nT。G-882SX 海洋磁力仪如图 3-27 所示。G-882SX 海洋磁力仪系统参数见表 3-8。

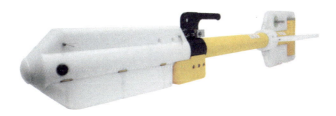

图 3-27　G-882SX 海洋磁力仪

表 3-8　　　　　　　　G-882SX 海洋磁力仪系统参数

技术指标	参数
工作范围（量程）	20000～100000nT
最大采样率	20Hz

续表

技术指标	参数
航向误差	<1nT（360°旋转）
操作区域	地球磁场矢量应当与传感器的赤道成大于 10°的角度，并且距离传感器的长轴大于 6°，可自动半球切换
最大工作深度	2730m
工作温度	−35～50℃
指向误差	±1nT
采样频率	8Hz
绝对精度	<3nT（在整个量程范围内）

3.4.2 技术要求

（1）磁法用于探测海底已建电缆、管道等线性磁性物体时，测线应与根据历史资料确定的探测目标的延伸方向垂直，每个目标的测线数不少于 3 条，间距不大于200m，测线长度不小于500m；相邻测线的走航探测方向应相反。

（2）磁法用于探测海底非线状磁性物体时，测线应在探测目标周围呈网格布置，每个目标的测线数不少于 4 条，间距和测线长度根据探测目标的大小等确定。

3.4.3 测量要求

（1）探测开始前，在作业海区附近调试设备，确定最佳工作参数。

（2）磁力仪探头入水后，调查船应保持稳定的低航速和航向，避免停车或倒车；探头离海底的高度应在 10m 以内，海底起伏较大的海域，探头距海底的高度可适当增大。

（3）采用超短基线水下声学定位系统进行探头位置定位；在近岸浅水区域也可采用人工计算进行探头位置改正。

（4）保证探测记录的完整性。漏测或记录无法正确判读时，应进行补测。

（5）模拟记录标注，其内容包括项目名称、调查日期与时间、仪器型号、仪器参数、测线号、测线起止点号和测量者等。

（6）班报记录内容包括项目名称、调查海区、测量者、仪器名称与型号、日期、时间、测线号、点号、航速、航向、仪器作业参数和数字记录文件名等。

（7）对现场记录分析发现可疑目标时，应根据需要布设补充测线。

3.4.4　资料处理要求

（1）识别非海底磁性物体造成的磁场异常干扰。

（2）结合侧扫声呐、地层剖面探测的成果，进行磁法探测资料解释，识别海底磁性物体，确定其性质、位置和范围，确定海底已建电缆、管道的位置和走向等。

3.4.5　成图要求

（1）实测磁场强度或磁异常平面剖面图。

（2）海底磁性物体分布图，可合并于海底面状况图中，也可根据需要对其中一些较重要的部位单独成图。

已有海底电缆典型磁异常剖面图如图3－28所示。

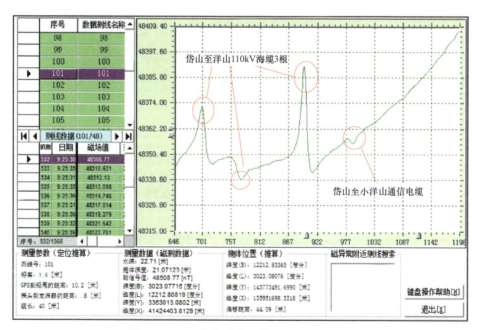

图3－28　已有海底电缆典型磁异常剖面图

◆ 3.5　水　文　环　境　观　测 ◆

3.5.1　观测目的

为更好地了解海底电缆工程所在区域的海洋水动力环境现状，进而对该区域拟建工程提供基础数据和技术支持，需开展相应的水文调查工作，具体调查内容一般包括临时潮位、潮流（流速、流向）、含沙量、悬移质、水温、盐度、底质、风等，同时波浪、海冰、气象等要素资料。

3.5.2　观测设备

水文调查采用的主要仪器设备如图 3−29 所示。主要仪器设备及其技术指标见表 3−9。

声学多普勒流速剖面仪
（英文缩写 ADCP）−RDI

声学多普勒流速剖面仪
（英文缩写 ADCP）−阔龙

温深仪−DT100

温深仪−DW1413

PLC−16025 型便携式风速风向

图 3−29　水文调查主要仪器设备

调查所用设备按要求经过检定机构检定，对于没有强制检定规定的设备均按相应规范精度要求在工作时进行了自检。

表 3-9   主要仪器设备及其技术指标

用途	设备名称	型号	技术指标	产地	数量
潮流观测	声学多普勒流速剖面仪（英文缩写 ADCP）	RDI（300\600kHz）	测量精度：流向误差：±2° 流速误差：测量值的±0.25%±2.5mm/s 测量范围：流速：0.01～20m/s 流向：0～360°	美国	2
		阔龙（400kHz）		挪威	2
潮位观测	温深仪	DT100	水深范围：0～100m 测量精度：0.05%FS	中国	1
水温观测	温深仪	DW1413	水深范围：0～1500m 测量精度：±0.002℃	中国	4
盐度观测	手持式电导率仪	Cond3310	量程：0.0～70.0 测量精度：±0.1	中国	4
悬移质粒径	激光粒度仪	LS-609 激光粒度仪	进样方式：湿法循环进样 量程：0.1～1000μm 扫描频率：1kHz 独立探测单元数：49 个 光源：He-Ne 气体激光发射器、波长 0.6328m、功率 1.5～3.0MW	中国	1

3.5.3 站位布设

一般在海底电缆位置布设 1 个临时潮位站、4 个或 6 个定点潮流观测站，临时潮位站布设原则上位于海底电缆附近，定点潮流观测站布设原则上均匀分布于海底电缆位置附近。

3.5.4 潮位观测

海底电缆项目潮位观测多在海底电缆附近布设一处临时潮位站，进行连续一个月的潮位观测。潮位观测采用温深仪，高程采用 1985 国家高程基准，每十分钟记录一次数据，并通过人工观测进行潮位比对。最终将潮位资料形成潮位报表。

根据临时潮位站的潮位资料，可得到潮位过程曲线图、潮位特征值、潮汐特征。潮位过程曲线图如图 3-30 所示。潮位特征值见表 3-10。

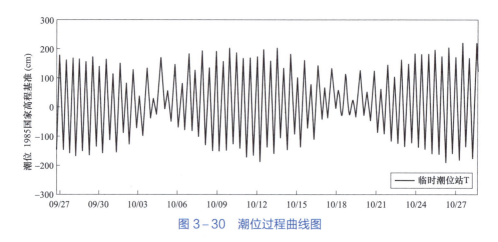

图 3-30　潮位过程曲线图

表 3-10　　　　　　　　　潮 位 特 征 值 列 表

项目		特征值（cm）
		临时潮位站 T
潮位	最高潮位	219.4
	最低潮位	−188.3
	平均高潮位	143.5
	平均低潮位	−122.6
	平均海平面	21.7
潮差	最大潮差	401.0
	最小潮差	53.3
	平均潮差	255.1
涨、落潮历时	平均涨潮历时	6 小时 9 分
	平均落潮历时	6 小时 16 分
基准面		1985 国家高程基准

3.5.5　潮流观测

　　一般进行大、小潮两个潮次观测。采用的潮流观测仪器主要有美国 RDI 公司生产的声学多普勒流速测量仪（英文缩写 ADCP）、挪威 Nortek 公司生产的阔龙系列。在测量之前，仪器均进行了常规检查和对比。船位采用 TrimT2le

SPS356DGPS 定位。由于测流采用单锚作业的特点，故以锚位为参考位。

各潮流测站采用测船抛锚的定点观测方式，即将仪器安装在船侧，探头竖直向下进行观测。测量开始后，密切注意船位的变化，做好船位复测检查工作，一旦发现走锚，立即进行加测定位，调整船位。ADCP 设置每 10min 进行一次观测，采样时间为 120s，观测时间采用北京时间。观测层次采用六点法，即表层、0.2H、0.4H、0.6H、0.8H、底层，H 代表观测点水深。最终资料形成潮流报表。

根据潮流报表可分析得到最大流速流向分布、平均流速流向分布、流速流向分级分布、潮流流矢分布图、潮流涨落潮历时、潮流与潮位关系。

大潮汛时 T1 测站垂线平均潮流与潮位同步过程如图 3-31 所示。

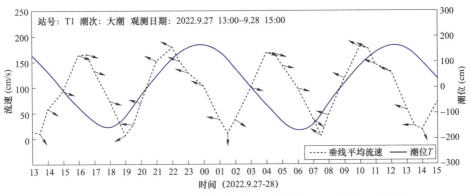

图 3-31　大潮汛时 T1 测站垂线平均潮流与潮位同步过程曲线图

测流资料采用准调和方法计算，可获得测区测站处六个主要分潮调和常数，并在此基础上开展潮流椭圆要素、余流、潮流可能最大流速等项目的计算。

3.5.6　含沙量观测

潮流观测期间，在定点测站同步进行含沙量观测，水样采集采用的仪器为横式采水器，每小时整点采集，并在涨落急和涨落憩时刻进行半点加密采集，每次采集水样不少于 500mL，采集层次分为三层，表层、0.6H 和底层。水样在现场采集结束后按规范要求保存，并送往实验室进行过滤、烘干、称重后进行含沙量分析。最终资料形成含沙量报表。

根据含沙量报表可分析得到最小、最大及平均含沙量、含沙量随潮汛的变化、含沙量的涨落潮变化、含沙量的垂向分布、含沙量与潮汐的关系、悬移质粒径分析。

大潮汛时 T1 测站含沙量与潮位同步过程如图 3−32 所示。大潮汛时 T1 测站含沙量与潮流同步过程如图 3−33 所示。

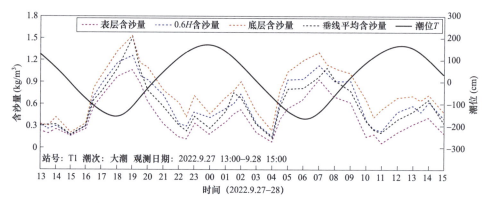

图 3−32　大潮汛时 T1 测站含沙量与潮位同步过程曲线图

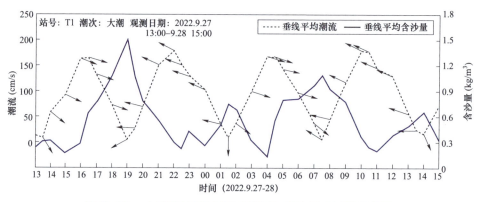

图 3−33　大潮汛时 T1 测站含沙量与潮流同步过程曲线图

3.5.7　悬移质观测

在潮流观测期间的涨急、涨憩、落急、落憩时刻，在定点测站进行悬移质取样，用于悬移质水样粒径分析。取样层次为表层、0.6H 和底层。每次取样不少于 500mL，水样在现场采集结束后按规范要求保存，并送往实验室使用激光粒度仪进行粒度分析。最终资料形成悬移质报表。

根据悬移质报表可分析粒级组成、悬移质中值粒径、平均粒径统计分析。

3.5.8　水温观测

潮流观测期间，在 4 个定点测站同步进行水温观测，观测采用的仪器为温深仪 DW1413，每小时整点观测，观测层次分为三层，表层、0.6H 和底层。最终资料形成水温报表。

根据水温报表可分析得到大、小潮潮汛期间测站各水层的日平均水温、温度随时间的变化过程曲线等。

潮汛时 T1 测站水温过程如图 3–34 所示。

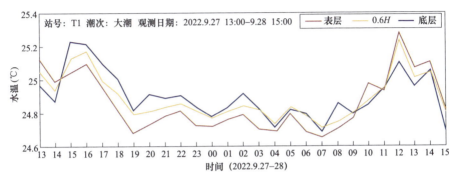

图 3–34　大潮汛时 T1 测站水温过程曲线图

3.5.9　盐度观测

潮流观测期间，在 4 个定点测站的表层、0.6H 和底层进行水样采集，用于海水盐度分析。水样每小时整点采集一次，采集上来的水样立即用手持式电导率仪 Cond3310 进行盐度测验，最终资料形成悬移质报表盐度报表。

根据盐度报表可分析得到大、小潮潮汛期间测站各水层的日平均盐度、与潮位的同步变化过程线等。

大潮汛时 T1 测站盐度与潮位同步过程如图 3–35 所示。

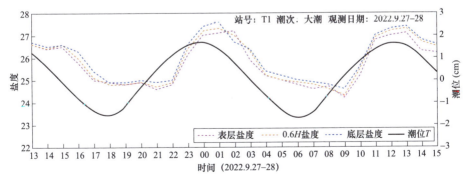

图 3–35　大潮汛时 T1 测站盐度与潮位同步过程曲线图

3.5.10 底质采样

在各测站大、小潮观测期间各取一个海底表层泥样。定位使用 TrimT2le SPS356DGPS 定位，取样使用蚌式采泥器进行采集，每个样品重量不小于 1000g。采样结束后，将泥样按规范要求保存，并送往实验室进行底质颗粒级配分析，得到测区各测站底质粒度组成及其类型，最终形成底质报表。

3.5.11 风况观测

潮流观测期间，在测站处同步进行风况观测，每三小时观测一次，具体观测时间点为每日的 2 时、5 时、8 时、11 时、14 时、17 时、20 时、23 时。考虑到风速风向观测对便携性的要求，在观测过程中采用 PLC-16025 型便携式风速风向仪，该仪器测量范围为风速 $0\sim30\text{m/s}$，风向 $0\sim360°$，16 个方位，风速测量精度为 $\pm(0.3+0.03V)\text{m/s}$（V 指示风速），该仪器可以准确测量瞬时及平均风速。

3.5.12 其他要素资料收集

（1）气象资料。气温、降水、日照、蒸发、雪、霜、雹、雾、风、热带气旋、强冷空气等气象资料可收集当地气象站资料。

（2）波浪。海底电缆附近海域波浪资料一般收集海洋站长期统计资料，指出全年中较好和较差的海况期，为海底电缆管道施工期选择提供依据。当附近无可用资料时，可在近岸或岛屿区可设波浪观测站。海底管道路由勘察可增加重现期波高及周期的计算，一般要求计算重现期为 1 年、10 年、50 年、100 年的最大波高（$H_{\max}$）、有效波高（H_s）。

（3）海冰。收集路由区已有的海冰观测资料，必要时可设站观测。海冰资料收集及观测按 GB/T 12763.2—2007 中第 11 章的要求。

▶ 3.6 海洋规划与开发活动评价 ◀

分析路由与国土空间区划、海洋开发规划的符合性，评述路由区的渔捞、交通、油气开发、已建海底电缆管道、海洋保护区等海洋开发活动与路由的交叉和影响，为电缆管道设计、施工及维护提出对策或建议。

3.6.1　海洋规划符合性分析

海洋规划重点关注国土空间规划符合性、"三区三线"（城镇空间、农业空间、生态空间三种类型空间所对应的区域，以及分别对应划定的城镇开发边界、永久基本农田保护红线、生态保护红线三条控制线）划定成果及相关规划符合性。

1. 国土空间规划符合性

（1）所在海域国土空间规划分区基本情况。根据国土空间规划（含海岸带综合保护与利用规划、国土空间生态修复规划等），阐述项目所在海域的国土空间规划分区情况，包括分区名称、用途（功能）以及生态修复要求等内容；明确与海底电缆所涉及的各国土空间规划分区，附所在国土空间规划图件和功能区登记表。

（2）对海域国土空间规划分区的影响分析。分析项目对海域国土空间规划分区的利用情况，说明项目利用的用途（功能）、利用方式、程度和拟采用的生态保护措施等。逐一分析项目对周边海域各国土空间规划分区的影响，说明受影响的用途（功能）和生态保护修复类型、影响范围、影响程度等。

（3）与国土空间规划的符合性分析。分析项目是否符合项目所在海域国土空间规划分区的用途管制要求、生态保护红线管控要求，以及生态修复要求等。根据项目对所在海域国土空间规划分区的利用情况及对周边海域国土空间规划分区的影响分析结果，明确给出项目用海与国土空间规划的符合性分析结论。

2. "三区三线"划定成果

根据"三区三线"划定成果，明确海底电缆所涉及的三区三线位置，一般情况下均应避开生态保护红线和永久基本农田，在确实无法避让的前提下采取保护措施将影响降至最低，同时应开展相关不可避让专题论证，并取得政府相关批文，作为海底电缆项目实施可行性的依据。

3. 相关规划符合性

阐述国家产业规划和政策，海洋经济发展规划，海洋环境保护规划，城乡规划，土地利用总体规划，港口规划，以及养殖、盐业、交通、旅游等规划中与海底电缆有关的内容，给出与海底电缆位置相关的规划图件，分析论证海底电缆项目与相关规划的符合性。

3.6.2　开发活动评价

阐明海底电缆附近海洋开发利用活动的位置、规模以及与海底电缆的位置关系等，已确权登记的项目用海，应给出基本信息（包括项目名称、海域使用权人、海域使用类型等）；宜采用最新遥感影像作底图，绘制清晰的海域开发利用现状图，并附有代表性的现场勘查照片。

重点关注海底电缆附近海域的渔业活动、港口码头、航道、锚地、海底电缆管道等，根据海底电缆项目特点、周边海域相关海洋产业现状、海洋功能区布局，结合本项目对自然环境与资源影响，界定利益相关者和相关协调部门，评价是否具备可协调性，作为海底电缆项目可行的依据之一。

▶ 3.7　路由风险评估方法 ◀

3.7.1　风险评估方法

风险评估方法的选择应根据评估目的、经济投入及数据完整程度等因素确定。

风险评估方法应按 GB/T 27921—2011 附录 A 的表 A.1 确定，或采用历史数据分析、数学模型等方法。

风险评估各环节可选用相同或不同评估方法。一般情况下采用常规的评估方法，复杂情况下可同时采用多用评估方法。

风险评估程序包括四个主要步骤：风险识别→风险分析→风险评价→风险应对。

3.7.2　风险评估示例

本书以一根 1km 长海底电缆的第三方破坏风险评估示例说明。

1. 基本数据

（1）海底电缆数据：

长度（L）：1000m。

外径（D）：150mm。

（2）环境数据：

水深：100m。

地质条件：粉质粘土。

（3）船舶通航数据：

通航船舶数量（N_{ship}）：5000 艘。

（4）海底电缆保护数据：

保护方式：冲埋保护。

海底电缆埋深：2m。

2. 风险识别

与海底电缆风险相关的第三方活动主要包括船舶通航、渔业活动、海域施工、资源开采、航道疏浚等。主要风险事件类型为抛锚、拖锚、沉船、落物及拖网等。

3. 风险分析

（1）抛锚风险分析。抛锚风险可能性与船舶数量、船舶漂航概率、船员对电缆位置的了解、抛锚时对锚失去控制的概率、锚击中及损坏海底电缆概率等相关。船舶数量与航线分布密切相关，不同海域差异较大，应根据工程具体情况确定，本示例取 5000 艘。船舶漂航概率一般不大于 2×10^{-5}，本示例取 1×10^{-5}。船舶是否在海底电缆附近抛锚取决于船员对电缆位置的了解。不在海底电缆附近抛锚的概率一般大于 90%，本示例取 95%。抛锚时对锚失去控制的概率取决于船舶的类型和吨位，该值通常为 10%～20%，本示例取 20%。锚击中海底电缆的概率与锚的形状、水深、洋流速度等因素相关。通常锚击中海底电缆的概率不大于 10%，本示例取 10%。锚损坏海底电缆的概率取决于电缆抗损坏能力与冲击能量的关系，与电缆保护水平、地质条件等相关。保守估计，海底电缆损坏概率取 100%。

综上：

船舶漂航概率：$F_{drift} = 1 \times 10^{-5}$。

不在海底电缆附近抛锚的概率：$P_{human} = 95\%$。

抛锚时对锚失去控制的概率：$P_{loss} = 20\%$。

锚击中海底电缆概率：$P_{hit} = 10\%$。

海底电缆损坏概率：$P_{break} = 100\%$。

抛锚风险概率：$F_{hit} = N_{ship} \times F_{drift} \times (1 - P_{human}) \times P_{loss} \times P_{hit} \times P_{break} = 0.005 \times 10^{-2}$

次/（km·年）。

抛锚风险后果：海底电缆均有铠装层保护，同时可设置掩埋保护、加盖保护、套管保护等机械保护措施，抛锚可能会造成外护层、铠装层损伤，对海底电缆整体安全性影响较小。

（2）拖锚风险分析。抛锚风险可能性与船舶数量、船舶漂航概率、船员对电缆位置的了解、拖锚长度、拖锚时船速、锚击中及损坏海底电缆概率等相关。船舶数量、漂航概率、不在海底电缆附近抛锚的概率与抛锚计算中取值一致。拖锚击中海底电缆概率为拖锚长度与警示距离（通常为100m）之比，本示例中拖锚击中概率取100%。拖锚船速通常为1～2节，本示例取1.5节。拖锚长度一般不大于 400m，本示例取 400m。拖锚损伤海底电缆的概率取决于电缆承受的侧压力，本示例取 100%。

综上：

船舶漂航概率：$F_{drift} = 1 \times 10^{-5}$。

不在海底电缆附近抛锚的概率：$P_{human} = 95\%$。

拖锚长度：$S_d = 400m$。

拖锚船速：$V_{ship} = 1.5kn$。

拖锚击中海底电缆概率：$P_{hit} = 100\%$。

海底电缆损坏概率：$P_{break} = 100\%$。

拖锚风险概率：$F_{hit} = N_{ship} \times F_{drift} \times (1 - P_{human}) \times S_d / (1852 \times V_{ship}) \times P_{hit} \times P_{break} = 0.036 \times 10^{-2}$ 次/（km·年）。

（3）沉船风险分析。沉船风险概率与船舶数量、沉船危险距离、沉船概率、电缆损坏概率等相关。船舶数量与抛锚、拖锚计算中取值一致。沉船危险距离为最外侧电缆间距与两倍船长之和，同时宜考虑船舶下沉过程中的水平偏移。沉船危险距离通常不超过 500m，本示例取 500m。每海里沉船概率一般不超过3×10^{-8}，本示例取2×10^{-8}。沉船损坏海底电缆的概率取决于电缆抗损伤能力与冲击能量的关系，与电缆保护水平、地质条件等密切相关。保守估计，海底电缆损坏概率取 100%。

综上：

沉船危险距离：$D = 500m$。

每 km 沉船概率：$P_{sink} = 1.62 \times 10^{-8}$。

海底电缆损坏概率：$P_{break} = 100\%$。

沉船风险概率：$F_{hit} = N_{ship} \times D \times P_{sink}/1000 \times P_{break} = 0.0027 \times 10^{-2}$ 次/（km·年）。

（4）落物风险分析。落物风险可能性可按 SY/T 7063—2016 附录 A 计算。邻近海底电缆的每处海上吊装施工活动每年给海底电缆带来的风险概率小于 0.002×10^{-2} 次/（km·年）。考虑海底电缆沿线 2 处同时施工，总风险概率取 0.004×10^{-2} 次/（km·年）。

海底电缆均有铠装层保护，邻近吊装施工区域的海底电缆区段可增设机械保护措施，落物对电缆安全性影响较小。

（5）拖网风险分析。拖网风险主要来源于海底电缆附近的渔业活动，风险可能性与渔业区分布、渔船通航路线、渔船交通流量等因素密切相关，不同海域差异较大。

渔船拖网板数量：$n_g = 2$。

渔船年平均流量：$Q = 35$ 艘。

渔船交通流宽度：$W = 1km$。

比例系数：$\alpha = 5\%$。

航行方向与海底电缆垂线方向的夹角：$\varphi = 20°$。

渔船在海底电缆路由区拖网概率：$P_{tawl} = 1\%$。

拖网击中海底电缆概率：$P_{hit} = 10\%$。

海底电缆损坏概率：$P_{break} = 10\%$。

拖网风险概率：$F_{hit} = n_g \times Q/W \times \alpha \times \cos\varphi \times P_{tawl} \times P_{hit} \times P_{break} = 0.0329 \times 10^{-2}$ 次/（km·年）。

4. 风险评价

（1）风险等级划分。总风险概率与海底电缆路由区海域特点、第三方活动类型等密切相关。本示例保守考虑各类风险同时存在，海底电缆风险概率为 0.0806×10^{-2} 次/（km·年），风险可能性等级为 2 级，风险可能性等级划分见表 3–11。

表 3–11　　　　　风险可能性等级划分

风险可能性等级	风险可能性描述	风险概率 P 1 × 10⁻² 次/（km·年）
1	极低	$P \leq 0.05$
2	低	$0.05 < P \leq 0.1$
3	较低	$0.1 < P \leq 0.25$
4	中	$0.25 < P \leq 0.5$
5	高	$P > 0.5$

上述风险可能损坏海底电缆的外护层和铠装，严重时会造成海底电缆局部绝缘损坏、海底电缆断裂、系统停电。海底电缆可采用修理接头重新接续，修复后可继续使用，不会造成整根电缆报废，对电缆使用寿命无重大影响，最严重情况下风险后果等级为 3 级，风险后果等级划分见表 3-12。

表 3-12　　　　　　　　　风 险 后 果 等 级 划 分

风险后果等级	损坏程度	风险后果描述
1	轻微损坏	既无需修理也无停电风险
2	中度损坏	需要修复，但不会造成停电
3	重大损坏	需停电修复，对电缆使用寿命影响较小
4	特大损坏	需停电修复，且电缆使用寿命严重缩减
5	灾难损坏	整根电缆报废

（2）风险准则与风险评价。

1）基于风险矩阵法的风险评价。风险位于广泛可接受区，风险可接受，无需采取风险应对措施，基于风险矩阵法的风险评价表见表 3-13。

表 3-13　　　　　　　　基于风险矩阵法的风险评价表

风险可能性	风险后果				
	1	2	3	4	5
1	低	低	低	低	中
2	低	低	低	中	高
3	低	低	中	高	高
4	低	中	高	高	高
5	中	高	高	高	高

■ 不可接受区域　　■ 中间区域　　□ 广泛可接受区域

2）基于风险指数法的风险评价。风险值 $R = S \times C = 6$。其中，S 为风险可能性，取值范围为 1～5，由上文可知 $S = 2$；C 为风险后果，取值范围为 1～5，由上文可知 $C = 3$。

风险指数 $CPI = R \times k$。其中，k 为重要性系数，取值范围为 1～5，详见表 3-14。

表 3-14　　　　　　　　　　　　重 要 性 系 数 取 值

重要性系数取值	经济损失水平	风险对系统安全稳定的影响
1	无	无
2	较低	较小，可通过调度方式解决供电问题
3	中等	中等，系统内部分负荷需切除
4	较大	较大，造成大量企业停产
5	严重	严重，造成整个地方、区域停电停产

风险指数法风险准则见表 3-15。

表 3-15　　　　　　　　　　　　风险指数法风险准则

风险指数值	相应措施
$CPI \leqslant 15$	风险可接受，无需采取风险应对措施
$15 < CPI < 25$	风险既可接受，也可根据成本效益分析采取风险应对措施
$CPI \geqslant 25$	风险不可接受，应采取风险应对措施

重要性系数与海底电缆在系统中的地位及电缆故障后经济损失相关，若电缆故障对系统安全稳定性无较大影响、可通过调度方式解决供电问题、经济损失较低，则重要性系数为 1～2，CPI 为 6～12，风险可接受，无需采取风险应对措施。若电缆故障将造成负荷切除、大量企业停电停产、经济损失较严重，则重要性系数为 3～4，CPI 为 18～24，风险既可接受，也可采取风险应对措施。

5. 风险应对

电缆在系统内地位较为重要时，基于风险指数法的风险评价结果表明，可根据成本效益分析结果确定是否采取风险应对措施。

考虑采取综合监控措施降低海底电缆路由区抛锚、拖锚、捕鱼的概率，P_{human} 由 95% 增加至 98%，可能遭受拖网设备干扰的海底电缆长度比例由 5% 降低至 1%。

采取综合监控措施后，总的风险概率由 0.0806×10⁻² 次/（km·年）降低为 0.0297×10⁻² 次/（km·年）。

风险应对措施成本：$C_M = 1500$ 万元。

维修成本降低值：$\Delta CR = 110$ 万元。

故障损失：$\Delta CP = 800$ 万元。

利率：$r = 6\%$。

电缆无故障使用年限：$y = 30$ 年。

成本效益值：$CBV = 0.98$。

风险应对措施的 CBV 小于 1，因此采取风险应对措施具有较好的经济效益，可设置综合监控系统等风险应对措施。

采取综合监控措施后，风险可能性等级为降为 1 级，风险值 $R = S \times C = 3$。电缆在系统内地位较为重要时，重要性系数为 3～4，CPI 为 9～12，风险可接受，无需进一步采取应对措施。

4

海底电缆选型

海底电缆是实现近海岛屿供电、海上风力发电及电网国际化等海上能源互联的关键基础设备，海底电缆选型是海底电缆工程的关键一环，对海底电缆线路的安全性和可靠性具有深远影响。海底电缆选型主要依据工程环境条件、系统运行条件，并通过一系列校核、核算确定海底电缆载荷与结构、载流量、接地保护方式。本章从海底电缆工程海底电缆载荷与结构选型、海底电缆载流量计算与导体截面选择、海底电缆绝缘型式选择、海底电缆护层选型等方面进行详细的阐述。

▶ 4.1 海底电缆载荷与结构选型 ◀

海底电缆在制造、运输、敷设安装及运行期间会受到多种复杂的载荷作用，发生拉伸、弯曲、扭转、挤压等变形，给海底电缆的安全带来不利影响。一旦变形严重，可能会出现断裂、过热、短路、漏油漏电等故障，导致海底电缆失效。海底电缆使用和选型应综合考虑海底电缆全生命周期受力分析，全面了解和分析威胁海底电缆安全的因素，尽量降低海底电缆发生损坏的可能性，确保其正常运行。在海洋工程领域针对海底电缆及与海底电缆具有类似结构的脐带缆、柔性管道等结构的受力分析，通常采取理论分析与有限元分析相结合的方法。

本节主要针对海底电缆全生命周期的各种载荷工况，包括加工制造工况、运输工况、敷设安装工况和在位运行工况，确定海底电缆在各类工况下所承受载荷形式，通过理论预测及数值分析等手段确定海底电缆在不同工况下的载荷大小，为海底电缆选型时应力分析提供计算方法。

4.1.1　海底电缆荷载工况

1. 海底电缆加工制造受力分析

海底电缆抗拉铠装铜丝缠绕加工过程中截面同时受拉伸、弯曲、扭转作用，铠装钢丝铜丝缠绕加工工艺决定了海底电缆整体受力，本节通过建立铠装铜丝缠绕加工过程中的力学模型，量化铜丝缠绕过程中关键加工参数缠绕张力 F 与铜丝截面内力的力学关系。

螺旋铜丝缠绕关键设备及加工过程如图 4−1 所示。将缠绕过程中的铜丝分为 $A−B$、$B−C$、$C−D$ 三段，A 点为铜丝与内芯的缠绕脱离点，B 点、C 点为铜丝与并线模的接触脱离点，D 点为铜丝脱离大盘的位置。

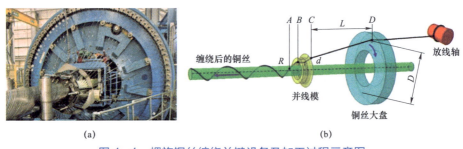

(a)　　　　　　　　　　　　　　(b)

图 4−1　螺旋铜丝缠绕关键设备及加工过程示意图

(a) 螺旋铜丝缠绕设备；(b) 单根螺旋铜丝加工过程

为了体现铜丝缠绕加工过程中的关键加工参数对铜丝加工性能的影响，简化分析过程，对分析过程作如下假设：

（1）铜丝截面内力存在拉伸引起的正应力、弯曲引起的正应力及扭转引起的切应力。一般只关注拉伸引起的正应力及弯曲引起的正应力，而扭转引起的切应力不会影响正应力的大小，以下不作讨论。

（2）忽略铜丝过并线模等设备时铜丝与设备之间的摩擦力，认为铜丝与设备之间接触面完全光滑，摩擦系数为零。

（3）认为在从放线轴到并线模的过程中只发生弹性变形，没有进入塑性状态。

（4）B 点铜丝受并线模延径向的支反力相对于铜丝所受张力较小，在分析 $A−B$ 段铜丝受力时，忽略 B 点铜丝所受延径向方向的支反力作用。

（5）铜丝材料的应力−应变曲线理想化为理想弹塑性模型。

分析 $C−D$ 段铜丝的受力，该段铜丝为直线，铜丝截面除扭转外只受轴向拉力作用，截面应力只存在拉伸引起的正应力。在 D 点的铜丝张力 F 大小可以通过设备进行控制。分析 $B{-}C$ 段铜丝的受力，铜丝受并线模的支反力作用，方向垂直于并线模表面，忽略摩擦作用，支反力只改变铜丝所受张力的方向，不改变张力大小。由于铜丝只发生弹性变形，则在 B、C、D 三点铜丝截面弯矩为零。可得如下关系：

$$F_B = F_C = F_D = F \tag{4.1}$$

$$M_B = M_C = M_D = 0 \tag{4.2}$$

重点分析 $A{-}B$ 段铜丝受力，$A{-}B$ 段铜丝受力如图 4－2 所示。

将铜丝向海底电缆横截面方向投影，其受力如图 4－3 所示。

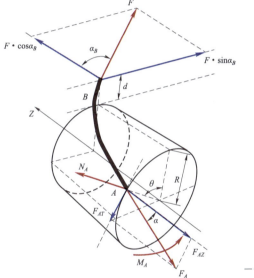

图 4－2　$A{-}B$ 段铜丝受力示意图

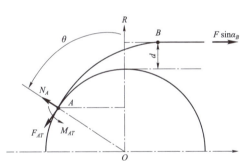

图 4－3　$A{-}B$ 段铜丝受力在海底电缆横截面上的分量

则可得如下关系：

$$F_{AT} = F \cdot \sin\alpha_B \cdot \cos\theta \tag{4.3}$$

$$F_{AZ} = F \cdot \cos\alpha_B \tag{4.4}$$

$$N_A = F \cdot \sin\alpha_B \cdot \sin\theta \tag{4.5}$$

则铜丝在 A 点处所受截面拉力为：

$$F_A = F\sqrt{\sin^2\alpha_B \cdot \cos^2\theta + \cos^2\alpha_B} \tag{4.6}$$

铜丝在 A 点处的螺旋缠绕角度为铜丝缠绕加工后的实际缠绕角度 α，有如下关系：

$$\tan\alpha = \frac{F_{AT}}{F_{AZ}} = \tan\alpha_B \cdot \cos\theta \tag{4.7}$$

可求得 B 点处铠装铜丝螺旋缠绕角度与加工后螺旋角度的关系如下：

$$\alpha_B = \arctan\left(\frac{\tan\alpha}{\cos\theta}\right) \tag{4.8}$$

将式（4.8）代入式（4.5）和式（4.6）得到铜丝在 A 点的截面张力与所受支反力关于 θ 的表达式：

$$F_A = \frac{1}{\sqrt{\cos^2\alpha + \dfrac{\sin^2\alpha}{\cos^2\theta}}} \cdot F \tag{4.9}$$

$$N_A = \frac{\tan\alpha \cdot \tan\theta}{\sqrt{1 + \dfrac{\tan^2\alpha}{\cos^2\theta}}} \cdot F \tag{4.10}$$

铜丝在 A 点的截面弯矩关于松弛角度 θ 的表达式为：

$$M_A = F \cdot [R(1 - \cos\theta) + d] \tag{4.11}$$

最终，由式（4.9）和式（4.11）可获得缠绕后铠装铜丝截面的内力（拉力、弯矩）与缠绕张力 F 之间的关系。

2. 海底电缆存储时受力分析

海底电缆制造完成后一般储存于地滚式大型卷盘或大型圈筒，储存方式大多数为立式。储存于卷盘上的海底电缆如图 4-4 所示。由于海底电缆以缠绕方式存储在卷盘上，因此海底电缆在运输工况中将受到较大的弯曲载荷。海底电缆的长度要求使存储卷盘的高度可以达到几米高，因此存储于卷盘的海底电缆底部缆体还要承受较大的堆积挤压载荷。

根据卷盘缠绕半径 R 及材料力学弯矩曲率公式，可通过解析方法获得海底电缆所受弯矩大小。海底电缆底部所受挤压载荷由上部缆体重力提供，可通过解析方法计算其重力大小，从而快速预测海底电缆所承受的挤压载荷 G。

海底电缆允许堆放的最大层数为：

$$n = F / G \tag{4.12}$$

式中　n——海底电缆允许堆放的最大层数；

　　　F——海底电缆允许最大承载侧压力；

　　　G——最下层海底电缆承受的挤压载荷。

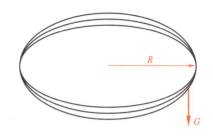

图4-4 储存于卷盘上的海底电缆

3. 海底电缆装载和运输阶段的受力分析

海底电缆在生产完成和敷设施工前，通过辊道、绞盘等装载在驳船、海底电缆运输船或火车等进行中间运输，例如电缆厂与港口或敷设现场之间的装载和运输。

在装载和运输之前，应仔细研究操作的所有机械参数以及电缆信息。海底电缆典型的机械参数通常为张力、弯曲张力、侧压力、弯曲半径、挤压力（堆垛高度和履带设计）、扭矩和温度。应考虑电缆搬运的持续时间和数量。电缆信息包括电缆类型、电缆长度、电缆直径、电缆重量和最小弯曲半径。

为了将电缆连接到牵引绳或钢丝，在电缆端部安装牵引头或编织夹具。必须根据加载和安装过程中预期的所需拉力进行设计。

4. 海底电缆敷设过程中的受力分析

海底电缆在安装敷设时，由于自身的柔性特点，可采用水平安装法和竖直安装法。海底电缆敷设安装工况如图4-5所示。前者是简易敷设方法，对廉价的拖船进行简单的改装后即可完成安装作业；后者适用于浅水到超深水海底电缆及小口径海底电缆的敷设安装，效率高，作业风险小，对敷缆船的专业化要求较高。

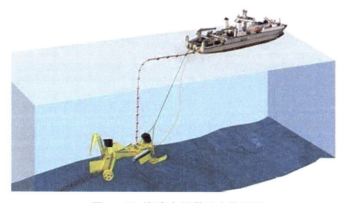

图4-5 海底电缆敷设安装工况

在敷设安装工况中最重要的两个设备是张紧器与下水桥或者托管架。整个安装过程中由于张紧器的夹持作用和下水桥铺设时的托力，海底电缆在所难免地要承受挤压荷载；上弯段由于敷缆船在海面上不规则航行和自身的重力会产生一定量的弯曲拉伸组合荷载；海底电缆下弯段与海床直接接触，敷设过程中海床对下弯段有一定作用力，使其产生弯曲荷载。海底电缆敷设过程中的受力状况如图 4-6 所示，可见海底电缆在敷设安装工况中有三处危险点将承受较大荷载：① 海底电缆上弯段张紧器处对缆体施加的挤压荷载；② 下水桥或托管架尾部缆体承受的较大的拉弯组合荷载；③ 海底电缆下弯段触地点处承受较大的轴压荷载以及海床造成的弯曲荷载。海底电缆敷设时载荷计算方法详见本书第 6 章。

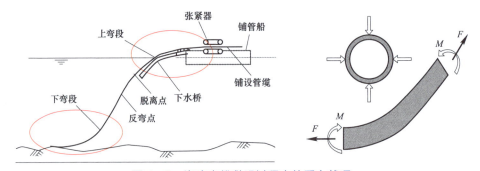

图 4-6　海底电缆敷设过程中的受力状况

5. 海底电缆在运时受力分析

静态海底电缆由于其应用方式，一般只需要承受内部功能荷载以及静水外压作用。海底电缆在海床敷设方式，根据海底地质情况分为冲埋敷设、抛石敷设、穿管敷设等，由于海洋洋流的冲刷和海底地质活动等因素导致海底电缆的敷设路由发生变化，使得其出现局部裸露，乃至自由悬挂。大块圆石场、海底裸露岩石、海底峡谷和陡坡是容易引起海底电力电缆自由悬挂的地形地貌，海洋环境荷载的直接作用会导致裸露的海底电缆产生动态响应，使得其局部产生较大的张力和弯矩荷载，影响悬跨海底电缆的稳定性，同时海底地形变化引发的局部悬空还有可能导致涡激振动（VIV），使得悬跨海底电缆兼具动态应用的承载需求和应力状态，严重影响海底电缆的安全运行与使用寿命。相较于敷设于海床上的静态海底电缆，海底电缆悬跨段的在位运行工况具有时间长，荷载类型多，随机性大，荷载工况更加复杂且恶劣的特点，海底电缆悬跨模型如图 4-7 所示。

海底电缆在海洋环境下的动态响应是一个流-固耦合的复杂系统，受到多种因素的影响，包括悬跨长度、冗余长度、海洋环境载荷、海床接触以及涡激振动响应等。当海底电缆处于上述悬跨状态时，所承受的荷载类型包括缆体自身的重力荷载、水动力荷载及涡激振动引起的高频振动荷载。

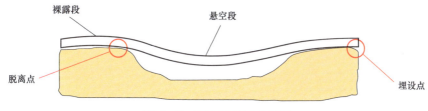

图 4-7　海底电缆悬跨模型

（1）重力荷载。海底电缆悬跨水下在位期间存在重力作用，重力荷载沿轴向的分量体现为拉伸载荷当海底电缆产生悬跨现象后，悬空段在海床平面呈现出接近悬链线方程的构型，这种构型会随着悬跨长度的改变而改变，重力荷载是影响悬空段构型的关键影响参数。

（2）水动力荷载。由于海床土体的约束作用，水动力荷载（包括波浪、洋流等）对裸露段的受力特性影响不大，而暴露在水中的悬空段将会产生顺流向（即流场流动方向）的往复运动并承受拉弯组合荷载，发生内部结构的强度失效。

（3）振动荷载。在一定的流场条件下，海底电缆悬跨会发生涡激振动，使其承受交变的拉力和曲率荷载。当漩涡的脱落频率与海底电缆的固有频率接近时，达到结构的共振频率，这种现象被称为"锁定"现象，此时海底电缆的振动幅度会突然增大，使得内部单元更容易发生疲劳损伤。另外，受海流的冲刷作用影响，周围海床将不可避免地形成冲刷坑，这使得海底电缆的悬跨长度增大，导致其固有频率逐渐减小，更容易发生涡激共振，进一步增加了结构发生疲劳失效的可能性。

海底电缆敷设过程中的受力状况如图 4-8 所示。

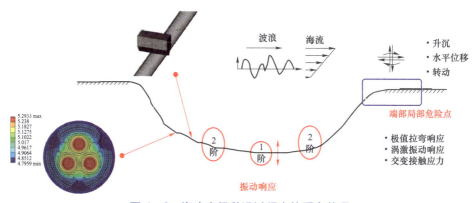

图 4-8　海底电缆敷设过程中的受力状况

在进行海底电缆悬空段受力分析时可采用悬链线理论、悬索理论或简支梁理论进行计算。

（1）悬链线理论。假设一段呈悬空状态的海底电缆，其两个支承点（海底山丘）的高度处于同一水平上，在本身重量作用下，海底电缆成一曲线 ACB，两支承点间的水平距离称为跨度，海底电缆中点的下垂距离称为垂度。海底电缆的重量是沿着曲线长度均匀分布的。通常海底电缆垂度与其跨度相比是很小的（假设条件之一），因而曲线 ACB 与弦 ACB 长度相差不多。在这种情况，可以认为海底电缆的重量是沿水平线均匀分布的。令 q 代表海底电缆沿水平线的均布载荷。

水平悬空状态海底电缆受力如图 4-9 所示。图中 A 点的垂直与水平反力为 A、H、B 点的垂直与水平反力为 B、H，由平衡方程 $\Sigma M_A = 0$，及 $\Sigma M_B = 0$ 可得 $A = B = ql/2$。

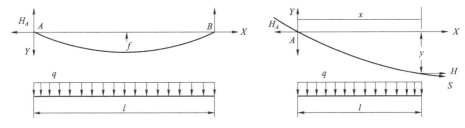

图 4-9　水平悬空状态海底电缆受力示意图

任取海底电缆上一点 D，并考虑 AD 段的平衡，在 D 点海底电缆内力只有沿曲线方向的拉力 S，其水平力为 H，由平衡方程 $\Sigma X = 0$ 得 $H = H_A = H_B$。

对 D 点写平衡方程 $\Sigma M_D = 0$，得：

$$y = \frac{1}{H}\left(\frac{1}{2}qlx - \frac{1}{2}qx^2\right) \tag{4.13}$$

设跨度中点的垂度为已知，则得 $x = l/2$，$y = f$；

代入式（4.14），得：

$$f = \frac{ql^2}{8H} \tag{4.14}$$

将 H 值代入式（4.14）中，得：

$$y = \frac{4fx(l-x)}{l^2} \tag{4.15}$$

这即是海底电缆的曲线方程。

由式（4.16）可得曲线在 D 点的倾角正切为：

$$tg\theta = \frac{dy}{dx} = \frac{4f}{l} - \frac{8fx}{l^2} \qquad (4.16)$$

因此海底电缆在 D 点的拉力为：

$$S = \frac{H}{\cos\theta} = H\sqrt{1 + tg^2\theta} = H\sqrt{1 + \frac{16f^2}{l^2}\left(1 - 2\frac{x}{l}\right)^2} \qquad (4.17)$$

最大拉力产生在 $x=0$ 及 $x=l$ 处，即在 A、B 两点的拉力为最大，其值为：

$$S\frac{ql^2}{8f}\sqrt{1 + 16\frac{f^2}{l^2}}\sqrt{1 + 16\frac{f^2}{l^2}}_{max} \qquad (4.18)$$

需要说明的是，上述模型未考虑电缆的刚度特性，且是假设在海底电缆的重量是沿水平线均匀分布的条件下计算所得结果，即海底电缆垂度与其跨度相比应该很小。当跨度较短时，电缆刚度特性不可忽略，计算会带来一定的误差。

（2）悬索模型。两端铰支的悬索模型的平衡方程为：

$$\frac{\partial}{\partial s}\left[(T_a + \tau)\left(\frac{\partial x}{\partial s} + \frac{\partial u}{\partial s}\right)\right] = m\frac{\partial^2 u}{\partial t^2} \qquad (4.19a)$$

$$\frac{\partial}{\partial s}\left\{(T_a + \tau)\left(\frac{\partial y}{\partial s} + \frac{\partial v}{\partial s}\right)\right\} = m\frac{\partial^2 v}{\partial t^2} - mg \qquad (4.19b)$$

$$\frac{\partial}{\partial s}\left\{(T_a + \tau)\frac{\partial w}{\partial s}\right\} = m\frac{\partial^2 w}{\partial t^2} \qquad (4.19c)$$

式中　u——平面内运动的纵向分量；

　　　v——平面内运动的垂向分量；

　　　w——横向水平运动分量。

悬索振动如图 4-10 所示。

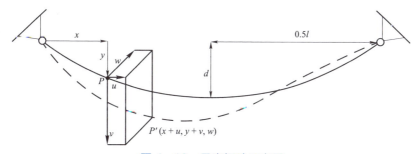

图 4-10　悬索振动示意图

在式（4.20）中，忽略二阶项。另外，由于该分析适用于垂度与悬跨长度比约为 1:8 或更小的海底电缆，运动方程的纵向分量并不重要，故式（4.20a）可以忽略。因此：

$$T_a \frac{\partial^2 v}{\partial x^2} + h \frac{\partial^2 y}{\partial x^2} = m \frac{\partial^2 v}{\partial t^2} \tag{4.20a}$$

$$T_a \frac{\partial^2 w}{\partial x^2} = m \frac{\partial^2 w}{\partial t^2} \tag{4.20b}$$

式中　h——海底电缆张力的附加水平分量，是时间的单值函数。

反对称模态计算如下：

海底电缆张力的附加水平分量为零，式（4.21a）进一步简化为：

$$T_a \frac{\partial^2 \tilde{v}}{\partial x^2} + m\omega^2 \tilde{v} = 0 \tag{4.21}$$

将 $v(x,t) = \tilde{v}(x)e^{i\omega t}$ 代入，得：

$$\frac{\partial \tilde{u}}{\partial x} + \frac{\partial y}{\partial x} \frac{\partial \tilde{v}}{\partial x} = 0 \tag{4.22}$$

将 $u(x,t) = \tilde{u}(x)e^{i\omega t}$ 以及边界条件 $\tilde{v}(0) = \tilde{v}\left(\frac{1}{2}l\right) = 0$ 代入，即可求得反对称模态下的频率：

$$\omega_n = \frac{2n\pi}{l} \sqrt{\left(\frac{T_a}{m}\right)}, n = 1, 2, 3, \cdots \tag{4.23a}$$

$$f_n = \frac{n}{2l} \sqrt{\left(\frac{T_a}{m}\right)}, n = 2, 4, 6, \cdots \tag{4.23b}$$

对称模态计算如下：

线性化海底电缆方程由式（4.25）给出，体现海底电缆元件的弹性及几何兼容性。

$$\frac{h(\mathrm{d}s/\mathrm{d}x)^3}{EA} = \frac{\partial u}{\partial x} + \frac{\partial y}{\partial x} \frac{\partial v}{\partial x} \tag{4.24}$$

在对称模态下，运动会引起附加的海底电缆张力，式（4.21a）及式（4.25）变形为：

$$T_a \frac{\partial^2 \tilde{v}}{\partial x^2} + m\omega^2 \tilde{v} = \frac{8d}{l^2} \tilde{h} \tag{4.25}$$

$$\frac{\tilde{h}(\mathrm{d}s/\mathrm{d}x)^3}{EA} = \frac{\partial \tilde{u}}{\partial x} + \frac{\partial y}{\partial x} \frac{\partial \tilde{v}}{\partial x} \tag{4.26}$$

接下来，将 $v(x,t) = \tilde{v}(x)e^{i\omega t}$，$h(t) = \tilde{h}e^{i\omega t}$，$\frac{\partial^2 y}{\partial x^2} = \frac{8d}{l^2} \tilde{h}$ 代入式（4.20）；同时

将 $u(x,t) = \tilde{u}(x)e^{i\omega t}$ 代入式（4.27），令边界条件 $\tilde{u}(0) = \tilde{u}(l) = \tilde{v}(0) = \tilde{v}(l) = 0$。可得：

$$\frac{\tilde{v}(x)}{8d} = \frac{\tilde{h}}{T_a(\beta l)^2}\left\{1 - \tan\left(\frac{1}{2}\beta l\right)\sin\beta x - \cos\beta x\right\} \quad (4.27)$$

其中，$\beta = \sqrt{m\omega^2 / T_a}$。

$$\frac{\tilde{h}L_e}{EA} = \frac{8d}{l^2}\int_0^l \tilde{v}(x)\mathrm{d}x \quad (4.28)$$

其中，$L_e = \int_0^l (\mathrm{d}s / \mathrm{d}x)^3 \approx l\{1 + 8(d/l)^2\}$。

利用式（4.29）消去 $\tilde{h}$，同时令 $\theta = \left(\frac{1}{2}\beta l\right)$，可以得到超越方程式：

$$\tan\theta = \theta\left(1 - \frac{4\theta^2}{\lambda^2}\right) \quad (4.29)$$

式中 λ——垂度与轴向刚度对自振频率的影响。

$$\lambda^2 = \left(\frac{wL}{T_a}\right)^2\left(\frac{EA}{T_a}\right) \quad (4.30)$$

式中 w——单位长度海底电缆的湿重，N/m；

L——悬跨段长度，m；

T_a——海底电缆张力，N；

EA——海底电缆轴向刚度，N。

由此，

$$2\theta = \frac{wL}{\sqrt{\dfrac{T_a}{m}}} \quad (4.31)$$

$$f_n = \frac{2}{\pi}\theta f_1, n = 1, 3, 5, \cdots \quad (4.32)$$

式中 f_1——垂度影响的海底电缆固有基频，Hz。

（3）简支梁理论。利用梁模型的理论，可以求得自振频率：

$$f_{n\_bend} = \frac{n}{2L}\sqrt{\frac{EI}{m}\left(\frac{n\pi}{L}\right)^2 + \frac{T_a}{m}} \quad (4.33a)$$

$$f_{n\_bend} = f_n\sqrt{\frac{EI}{T_a}\left(\frac{n\pi}{L}\right)^2 + 1} \quad (4.33b)$$

然后将垂度纳入考虑，结合式（2−20），可得：

$$f_n^* = f_n \sqrt{\frac{EI}{T_a}\left(\frac{n\pi}{L}\right)^2 + 1} \tag{4.34}$$

式中　f_n^*——垂度与抗弯刚度共同影响的海底电缆自振频率，Hz；

　　　f_n——垂度影响的海底电缆自振频率，Hz；

　　　EI——抗弯刚度，N•m^2；

　　　L——悬跨段长度，m；

　　　T_a——海底电缆端部张力，N。

（4）有限元数值仿真方法。海底电缆在海洋环境下的动态响应是一个流−固耦合的复杂系统，受到多种因素的影响，包括悬跨长度、冗余长度、海洋环境载荷、海床接触以及涡激振动响应等。利用理论方法预测大比尺结构的海底电缆在多流场载荷作用下的动态响应存在明显困难。随着计算机和数值仿真软件的发展，采用有限元数值仿真软件建立海底电缆动态响应数值模型是现阶段常用的方法。

Orcaflex 是由英格兰的 Orcina 开发的动力学分析软件。1986 年，海洋工程结构和水动力咨询公司 Orcina 成立，同年推出了 Orcaflex 的第一个版本。1989年该公司又推出了 OrcaBend 和 OrcaLay。经过多年的发展，Orcina 公司已经成为世界领先的海洋工程动力学分析软件开发公司。Orcaflex 软件以其友好的界面，持续不断的功能改进，多样的动力学分析能力成为当今海洋工程动力学分析软件的领先者。Orcaflex 主要功能包括海洋工程缆索动力分析、立管动力分析、浮式平台的动力分析等。可以解决的问题包括：船舶耐波性、系泊、系泊疲劳、立管强度、立管疲劳、立管 VIV（需要 shear7 支持）、海上安装、铺管、结构物模态等等。Orcaflex 的分析手段主要为时域分析，可以使用浮体 RAO 进行计算浮体运动响应或者通过波浪力来求解浮体运动。其系泊分析方法是全耦合的，即载荷均以时域形式计算，平台运动与系泊系统耦合求解，同时考虑系泊缆的动态效应。Orcaflex 可以对复杂系统进行运动模态分析。软件可以对系泊缆、管道结构物进行基于规则波的疲劳分析和基于雨流计数法的疲劳分析。Orcaflex 海底电缆悬跨整体分析模型如图 4−11 所示，建立了海底电缆悬跨整体分析模型，并以此为基础，对均匀海流作用下的海底电缆悬跨动态响应特性进行研究。

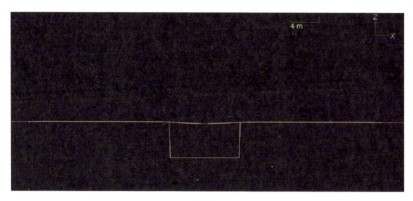

图 4-11 Orcaflex 海底电缆悬跨整体分析模型

通过建立三维空间模拟海洋环境，海流是洋流和潮流共同作用下表面水团驱动效应叠加的结果。有限元模型中的海流视为均匀流，流向始终为 90°，对圆柱结构的作用力仅为拖曳力。针对海底电缆这类小尺度细长柔性构件，忽略其对水质点速度和加速度影响，通过 Morison 方程计算海流荷载，具体为：

$$F = C_d \frac{\rho D}{2} u^2 \tag{4.35}$$

式中　ρ ——海水密度，取 1025kg/m^3；

　　　C_d ——拖曳系数，取 1.2；

　　　u ——海流速度，取 1.0m/s。

出于计算便利考虑，有限元模型中海床可模拟成平整面，海床深度为 20m。为了模拟海底电缆的悬跨现象，人为地设置了一块轴向长度 10m，深度 5m 的海床断层，土体属性为软粘土，采用弹性刚度模型模拟海床，土体刚度设为 100kPa/m。

基于集中质量法，在 Orcaflex 中海底电缆结构被离散成若干连续的 Line 单元，如图 4-12 所示。这种处理方法在计算其三维运动的过程中可以考虑海底电缆上的重力、浮力、惯性力及拖曳力等作用，并且具有以下优点：① 数学方程和模型的物理含义更清楚明确；② 在拉力和整体构型方面的计算效率更高；③ 可以分析不平衡状态、不均匀结构，包含振荡流以及非线性条件下等工程案例，适用范围较广。

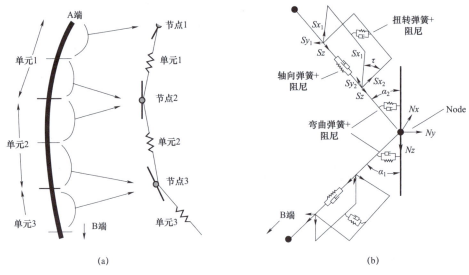

图 4－12 Orcaflex 中的海底电缆单元模型

海底电缆重力以及浮力作用于各个单元节点上，节点之间由无质量的弹簧连接，通过节点和弹簧的受力和变形来体现海底电缆的动态响应，单元中点处的轴向弹簧和扭转弹簧及相应的阻尼器分别模拟海底电缆的轴向和扭转特性，而节点两端处的转动弹簧和阻尼器用来模拟海底电缆的弯曲特性，依次通过五个阶段计算海底电缆的节点内力：① 轴力；② 弯矩；③ 剪力；④ 扭矩；⑤ 总荷载（重力、拖曳力、附加质量力等）。为了确保有限元模型的计算精度，对与海床接触的裸露段进行网格加密处理，沿海底电缆轴向每隔 0.1m 进行划分，悬空段沿海底电缆轴向每隔 0.5m 进行划分。

海底电缆悬跨在来流时，当漩涡脱落频率接近其结构的固有频率时，可能会发生"锁定"现象。图 4－13 展示了 1.0m/s 流速下的海底电缆悬跨动态拉力沿缆长的分布情况，拉力的最大值、最小值和平均值分布趋势均保持不变，与静力条件下的拉力分布情况相似。

当海底电缆悬跨的运动特性进入稳定状态后，提取轴向位置为 $Z/L_a = 0.2$（Z 为到脱离点的距离，L_a 为悬空段的轴向长度）的拉力时域曲线，如图 4－14 所示。在海流作用下拉力发生了周期性变化，这说明海底电缆悬跨产生了涡激振动，并且在涡激振动过程中可能存在多个主频率。

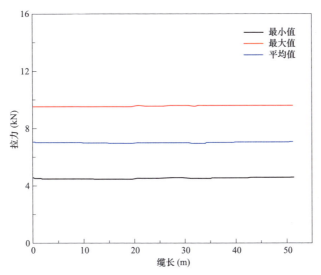

图 4-13 1.0m/s 流速下的海底电缆悬跨动态拉力沿缆长的分布情况

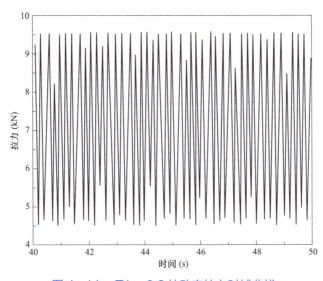

图 4-14 Z/L_a = 0.2 处动态拉力时域曲线

分别对轴向位置为 Z/L_a = 0.2、0.4、0.6、0.8 拉力时域曲线进行快速傅里叶变换，获得了频谱分析结果，如图 4-15 所示，沿轴线各点的振动频率分布基本一致，其主频率为 4.45Hz 左右，并存在 3 个小峰值，分别为 3.75Hz，3.85Hz 及 4.95Hz。

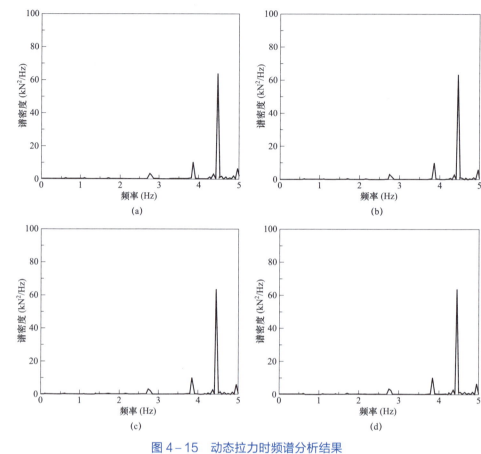

图 4-15 动态拉力时频谱分析结果

（a）$Z/L_a=0.2$；（b）$Z/L_a=0.4$；（c）$Z/L_a=0.6$；（d）$Z/L_a=0.8$

综上所述，这几种方法都可以给出悬跨海底电缆两端张力及振型渐近方程，但悬链线模型未考虑海底电缆的刚度特性，不能对海底电缆的弯曲性能进行分析和解释；悬索模型考虑轴向刚度特性，可以对小垂度、弹性海底电缆进行分析，但忽略了海底电缆的弯曲性能；梁模型对小变形、垂度较小的海底电缆具有良好的适用性，但在海底电缆的弯曲刚度具有非线性特点，或者需要考虑海床对海底电缆悬跨影响时不再适用。随着计算机和海工软件的发展，采用专门数值分析软件进行在特定流速下海底电缆悬跨段动态响应的计算，输出相应的张力和曲率分布情况，其模拟和分析的情况与实际工程更为接近。

4.1.2 海底电缆承力能力计算

在海底电缆设计分析过程中，一个非常重要的指标就是刚度，因为无论是整体结构的最大变形量和结构的最大强度，都受到所应用材料的很大影响，因此在分析过程中，海底电缆的刚度是衡量一根海底电缆力学性能好坏的最重要的标准。

1. 拉伸刚度

拉伸刚度是衡量海底电缆结构整体抗拉性能的重要指标，是截面轴向拉伸力与伸长变形的比值。它是预测截面抗拉强度的中间量，也是设计抗拉强度必不可少的性能参数，在失效分析过程中需要能够准确快速地对抗拉刚度进行分析预测。

Hruska 提出的 HR 模型，在计算中忽略了钢丝的弯曲刚度、扭转刚度，只考虑了铠装钢丝的轴向变形，忽略了铠装钢丝与缆芯之间的相互作用。认为拉伸刚度 K_T 是由缆芯拉伸刚度和铠装钢丝拉伸刚度叠加而成，计算海底电缆整体的拉伸刚度为：

$$K_T = (AE)_0 + \sum_{i=1}^{n} (AE)_i \cos^3 \alpha_i \qquad (4.36)$$

式中　$(AE)_0$——海底电缆缆芯的拉伸刚度，MN；

　　　$(AE)_i$——第 i 根钢丝的拉伸刚度，MN；

　　　n——铠装钢丝根数，根；

　　　α_i——第 i 根铠装钢丝的螺旋角度，°。

2. 弯曲刚度

弯曲刚度是衡量海底电缆整体弯曲性能的重要指标，是整体所受弯矩与曲率的比值。它不是某一层在弯矩作用下的详细受力状态，而是评价海底电缆整体的可弯曲性，它是计算海底电缆最小弯曲半径的重要中间变量，同时也是整体性能分析的重要输入，在失效分析过程中需要能够准确快速地对弯曲刚度进行分析预测。

基于 Witz 弯曲刚度理论模型计算分析螺旋缠绕结构的拉伸刚度。Witz 从理论和实验两方面研究了脐带缆铠装钢丝的弯曲行为，并将其弯曲过程分为无滑动阶段和全滑动阶段。当曲率很小时，所有单元都无法克服静摩擦力，所以会一起运动。随着曲率的增加，所有单元将会滑动，假设螺旋单元仅沿其自身螺旋轴滑动。在最小应变能理论的基础上，推导出海底电缆无滑动、全滑动弯曲刚度计算公式：

$$K_{\text{no-slip}} = (EI)_0 + \sum_{i=1}^{n} \frac{1}{2} E_i A_i R_i^2 \cos^4 \alpha_i \qquad (4.37)$$

$$K_{\text{full-slip}} = (EI)_0 + \sum_{i=1}^{n} \frac{1}{2} (E_i I_i + E_i I_i \cos^2 \alpha_i) \qquad (4.38)$$

式中 $K_{\text{no-slip}}$——海底电缆无滑动阶段的弯曲刚度值；

$K_{\text{full-slip}}$——全滑动阶段的弯曲刚度值。

3. 最小拉断力计算

海底电缆的铠装钢丝层承担了主要的轴向拉伸荷载，此时铠装钢丝的应力主要为拉伸引起的正应力，通过截面法将海底电缆截断后选取其中一半缆体为研究对象。拉伸荷载作用下海底电缆横截面受力状况如图 4-16 所示。

图 4-16 拉伸荷载作用下海底电缆横截面受力示意图

结合材料力学知识，海底电缆的最小拉断力为：

$$F_{\min} = \sum_{i=1}^{m} n_i \sigma_i A_i \cos \alpha_i \qquad (4.39)$$

式中 m——铠装铜丝层数；

σ_i——发生拉断时横截面上的应力；

α_i——拉断时铠装铜丝与海底电缆轴向的夹角；

n_i，A_i——为第 i 层铠装铜丝的根数及横截面面积。

4. 海底电缆最小弯曲半径计算

海底电缆在安装敷设、运输以及在位运行的过程中都会发生一定程度的弯曲，确定海底电缆的最小弯曲半径，可以使在安装敷设、运输过程中卷盘的选择更加明确，并且对海底电缆在位工作线型设计时进行限制使其曲率不超过可以承受的最大曲率，确保海底电缆能够安全工作。在海底电缆最小弯曲半径分析时采用应变失效判别准则，并对最先破坏的构件抗拉铠装层进行分析，从而确定整个结构的最小弯曲半径。

海底电缆的弯曲过程如图 4-17 所示。当抗拉铠装层发生滑移时，各螺旋缠绕单元以其自身截面中面为中性轴弯曲，假设铠装铜丝长度为 l，沿海底电缆轴线长为 L，弯曲过程中沿铠装铜丝方向伸长 Δl，沿海底电缆轴向伸长 ΔL，根据几何关系可推导出铜铠装层最小弯曲半径预测公式为：

$$R_{\min} = \frac{D}{2\varepsilon_{\max}} \cdot \cos^2\alpha - R \qquad (4.40)$$

式中　D——铠装铜丝厚度，m；

　　　α——缠绕角度，°；

　　　R——抗拉铠装层缠绕半径，m；

　　$\varepsilon_{\max}$——铠装钢丝极线应变。

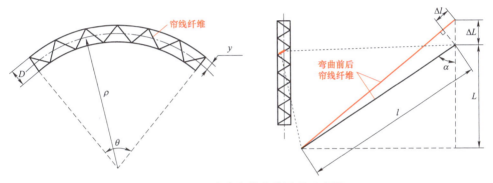

图 4-17　海底电缆弯曲过程示意图

4.1.3　海底电缆结构选型与评价

为防止海底电缆在全生命周期受力发生损坏，需要根据威胁海底电缆安全的因素，对海底电缆结构设计及选型进行分析评价。由于拉伸弯曲组合荷载为海底电缆全生命周期内最常见的组合荷载，同时拉弯能力曲线是衡量海底电缆力学性能的重要指标，若海底电缆所承受荷载在拉弯能力曲线安全范围之内，则表明海底电缆结构设计可满足正常使用要求。

海底电缆的导体和铠装是海底电缆承受张力的主要结构单元。一般来说，导体的选型更多依据系统输送容量的需求确定。铠装是提供海底电缆机械保护和张力稳定性的主要结构单元，如 4.1 节所述，海底电缆在搬运、敷设、在运时经受张力的作用，张力不仅来自于悬挂海底电缆的重量，还包括敷设船垂直运动以及悬空海底电缆在洋流作用下的附加动态力，铠装的设计对电缆机械特性有很大影响，如拉伸刚度、弯曲刚度、最小拉断力、弯曲半径等。

当某一张力施加于海底电缆，铠装和导线伸长率和张力可表示为：

$$\varepsilon = \frac{F_A}{\varepsilon_A A_A} = \frac{F_L}{\varepsilon_L A_L} \tag{4.41}$$

$$F = F_A + F_L$$

式中　F ——总张力，N；

　　　F_A ——铠装的张力，N；

　　　F_L ——导线的张力，N；

　　　ε_A ——铠装材料的杨氏模量，N/mm²；

　　　ε_L ——导体材料的杨氏模量，N/mm²；

　　　A_A ——铠装的纵截面，mm²；

　　　A_L ——导体的截面积，mm²。

导体的张力可采用以下公式计算：

$$F_L = \frac{\varepsilon_L A_L}{\varepsilon_A A_A + \varepsilon_L A_L} F \tag{4.42}$$

导体应力可表示为：

$$\sigma_L = \frac{\varepsilon_L A_L}{A_L (\varepsilon_A A_A + \varepsilon_L A_L)} F \tag{4.43}$$

铠装的张力为：

$$F_A = F \left(1 - \frac{\varepsilon_L A_L}{\varepsilon_A A_A + E_L A_L} \right) \tag{4.44}$$

为防止海底电缆发生损坏，需要全面了解和分析威胁海底电缆安全的因素，构建海底电缆结构设计薄弱评估方法，对海底电缆结构设计及选型进行分析评价。由于拉伸弯曲组合荷载为海底电缆全生命周期内最常见的组合荷载，同时拉弯能力曲线是衡量海底电缆力学性能的重要指标，可以选用拉弯能力曲线作为评价标准，若海底电缆所承受荷载在拉弯能力曲线安全范围之内，则表明海底电缆结构设计可满足正常使用要求。

拉弯荷载作用下，海底电缆抗拉铠装层为关键承载构件，因此以抗拉铠装层受力构建破坏准则。其中，拉伸应力的计算公式为：

$$\sigma_{Axial,T} = \frac{F}{nA\cos\alpha} \tag{4.45}$$

式中 F ——拉伸荷载值，N；

$\quad\quad\quad n$ ——铠装铜丝根数；

$\quad\quad\quad A$ ——铠装铜丝截面面积，mm^2；

$\quad\quad\quad \alpha$ ——铠装铜丝螺旋缠绕角度，$^\circ$。

考虑层间滑动的情况下，弯曲应力的计算公式为：

$$\sigma_{bending} = \frac{D \cdot \cos^2\alpha \cdot E}{2(R_{min} + R)} \quad\quad\quad （4.46）$$

式中 D ——铠装铜丝厚度，mm；

$\quad\quad R_{min}$ ——铠装铜丝弯曲半径，mm；

$\quad\quad\quad R$ ——铠装铜丝缠绕半径，mm；

$\quad\quad\quad \alpha$ ——缠绕角度，$^\circ$。

当铠装铜丝所受拉伸应力与弯曲应力之和达到材料屈服强度时，可构建海底电缆拉弯强度失效准则，如式（4.47）所示：

$$\frac{F}{nA\cos\alpha} + \frac{D\cos^2\alpha \cdot E}{2(R_{min} + R)} \leqslant [\sigma] \quad\quad\quad （4.47）$$

➢ 4.2 海底电缆载流量计算与导体截面选择 ◁

海底电缆导体截面的选择是海底电缆的重要部分，而海底电缆载流量计算是导体截面选择的依据。本节主要介绍了海底电缆载流量的两类计算方法、海底电缆增容和节能措施。

4.2.1 海底电缆载流量计算方法

海底电缆载流量常用计算方法分为解析计算法、数值计算法两类。

解析计算法，即基于国际电工委员会提出的 IEC 60287 标准的等效热阻法，该方法在计算电缆载流量时有着简单、快速的特点，是工程中最常见的计算方式。解析计算法对于单回路敷设情况下的电缆载流量计算快速准确，但其在计算多回路敷设时与实际值会产生一些偏差。

数值计算法，该方法适用于各种复杂的敷设条件，是利用电缆及周围环境的温度分布情况来判定具体的载流量值，是目前进行海底电缆温度场分析时最常用的方法，其中有限元法能很好地模拟各敷设情况下电缆的实际运行情况，省去了实地测试成本，又保证了计算精度。

1. 解析计算法

早在 19 世纪后期，人们就开始了关于电力电缆载流量计算的研究，随后在 20 世纪中期，J.H.Neher 和 M.H.Mcgrath 对电缆载流量计算方法进行了更为深入的研究，提出了关于电力电缆载流量和温度变化的具体计算方法，即 NM 方法。NM 法首次相对完整地针对不同类型的电缆导体的温度进行了分析计算，并通过建立简化的电缆热路模型求得在各种不同敷设工况下的电缆载流量。但 J.H.Neher 和 M.H.Mcgrath 在 NM 算法中并没有考虑大截面分割导体电缆的涡流损耗计算。基于此，国际电工委员会（IEC）根据国际大电网会议（ICGRE）于 1964 年的报告，并对 Mcgrath 的载流量计算方法进行了修正与改进，在 1982 年制定了电缆额定载流量（load=1 负荷因数）的计算标准，随后又经过一代人的修正和增补，基本上趋于完善，形成了现阶段的 IEC 60287 标准。以 IEC 标准为基础的等效热阻法针对电缆在典型的敷设方式下载流量的计算公式做出了详细的规定，整体计算流程简单清晰，易于工程人员迅速在实际过程中开展计算研究工作，但是由于实际敷设环境是复杂多样的，IEC 60287 标准在很多实际工程场合中也存在一定的局限性：① 在单回路电缆敷设情况下的邻近效应计算，IEC 给出了相应的计算公式，但规范内并没有考虑当多个回路以集群方式敷设时，回路间电磁感应对线芯导体邻近效应、金属套涡流损耗与环流损耗产生的影响；② IEC 标准在计算各损耗时是基于线芯导体和金属套的温度给定其电阻率，但不同位置、不同温度下两者电阻率是不同的，不是定值；③ IEC 标准中假定地表和电缆表面均是等温面，即整个计算环境是均匀理想的；④ 规范在排管、电缆沟等敷设方式下是依据经验公式对电缆载流量进行求解，忽略了内部空气流动与三种传热方式之间的耦合，计算结果会有一定误差。

虽然 IEC 60287 规范内仍有些许不足，导致其计算结果偏于保守，但由于其计算方便快速，尤其在单回路敷设计算时也能达到可靠的计算要求，目前各国的电缆生产商都按 IEC 60287 标准作为其制定电缆产生的额定载流量的标准和依据。中国在电缆载流量方面的研究开始于 20 世纪 50 年代，随后除了在土壤热阻系数部分依据国情进行了修正以外，中国的载流量计算标准也已基本等同于 IEC 相应计算标准。

解析解法又叫等效热阻计算法，等效热阻法是将海底电缆及其对应的敷设环境条件参数等效成对应的热路模型参数，从而建立计算关系并求得载流量值的。海底电缆等值热路模型如图 4-18 所示，T_1、T_2、T_3、T_4 分别对应海底电缆绝缘层、内衬层、外被层和外部介质热阻。

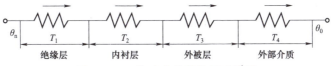

θ_n　　T_1　　T_2　　T_3　　T_4　　θ_0

绝缘层　　内衬层　　外被层　　外部介质

图 4-18　海底电缆等值热路模型

（1）导体交流电阻计算。导体电阻为：

$$R = R' \times (1 + y_s + y_p) \tag{4.48}$$

$$R' = R_0 \times [1 + \alpha_{20}(\theta - 20)] \tag{4.49}$$

式中　R——导体在最高工作温度下单位长度的交流电阻；

　　　R'——导体在最高工作温度下单位长度的直流电阻；

　　　y_s——集肤效应因数；

　　　y_p——邻近效应因数；

　　　R_0——20℃时导体的直流电阻；

　　　θ——导体最高工作温度；

　　　α_{20}——20℃时材料电阻率温度系数。

（2）绝缘的介质损耗。交流电缆在交变电压作用下，绝缘介质层中温度响应变成热的一部分电能通常称作介质损耗，为：

$$W_d = \omega C U_0^2 \tan \delta \tag{4.50}$$

$$\omega = 2\pi f$$

式中　C——单位长度电缆电容，F/m；

　　　U_0——导体和屏蔽或铠装之间电压对地电压；

　　　$\tan\delta$——工频和工作温度下绝缘介质损耗因数。

单位长度电缆电容计算为：

$$C = \frac{\varepsilon}{18 \text{Ln} \dfrac{D_i}{d_c}} \times 10^{-9} \tag{4.51}$$

式中　ε——绝缘材料的相对介电常数；

　　　D_i——绝缘层外径（屏蔽层除外）；

　　　d_c——导体直径，如果有屏蔽层，则包括屏蔽层。

（3）金属套和屏蔽的损耗。交流电缆的结构内还有一层金属护套，在交变电流的作用下产生感应电流，是产生金属套和金属屏蔽损耗的主要原因，用损耗因数 λ_1 表示。金属套或屏蔽中的功率损耗 λ_1 包括环流损耗 λ_1' 和涡流损耗 λ_1''，即 $\lambda_1 = \lambda_1' + \lambda_1''$。对于交流单芯海底电缆，其在实际敷设时三相线路之间有三角形排列和平面排列两种排列方式，同时其线路在接地时又有两端接地与单点接地之分，因此对于交流单芯海底电缆损耗因数的计算要根据不同的排列方式，不同的接地方式进行计算，参考《电缆载流量计算 第 11 部分：载流量公式（100%负荷因数）和损耗计算一般规定》JB/T 10181.11—2014。

（4）电缆铠装部分损耗因数。金属铠装的功率损耗通常用其占所有导体功率损耗的增量 λ_2 表示，为：

$$\lambda_2 = 1.23\frac{R_A}{R}\left(\frac{2c}{d_A}\right)^2 \frac{1}{\left(\dfrac{2.77 R_A \times 10^6}{\omega}\right)^2 + 1} \tag{4.52}$$

式中 R_A——铠装在最高工作温度下单位长度交流电阻；

d_A——铠装的平均直径；

c ——导体轴线与电缆轴线的距离。

（5）绝缘层热阻 T_1。T_1 为：

$$T_1 = \frac{\rho_{T1}}{2\pi}\ln\left(1 + \frac{2t_1}{d_c}\right) \tag{4.53}$$

式中 ρ_{T1}——绝缘材料热阻系数；

d_c——导体直径；

t_1——导体与护套之间的绝缘厚度。

（6）内衬层热阻 T_2。由于内衬层往往由多层材料构成，且各层材料热阻系数相差较大，因此依据分层原则依次计算，内衬层各部分虽然材料属性各异，但计算方法相同，即：

$$T_2 = \frac{\rho_{T2}}{2\pi}\ln\left(1 + \frac{2t_2}{D_s}\right) \tag{4.54}$$

式中 ρ_{T2} ——内衬层热阻系数；

D_s ——金属套外径；

t_2 ——内衬层各层材料厚度。

（7）外被层热阻 T_3。T_3 为：

$$T_3 = \frac{\rho_{T3}}{2\pi} \ln\left(1 + \frac{2t_3}{D_a'}\right) \qquad (4.55)$$

式中　ρ_{T3}——外护层层热阻系数；

　　　D_a'——铠装外径；

　　　t_3——外护层厚度。

（8）外部环境热阻 T_4。海底电缆常见的敷设方式为土壤直埋，对于交流三芯海底电缆、直流海底电缆及三角形排列敷设时的交流单芯海底电缆，其外部介质热阻的计算方法如下：

$$T_4 = \frac{\rho_{T4}}{2\pi} \ln(u + \sqrt{u^2 - 1})$$
$$u = \frac{2L}{D_e} \qquad (4.56)$$

式中　ρ_{T4}——土壤热阻系数；

　　　L——电缆埋深；

　　　D_e——电缆外径。

（9）海底电缆载流量计算。分别为：

直流电缆：

$$I = \sqrt{\frac{\Delta\theta}{R'(T_1 + T_2 + T_3 + T_4)}} \qquad (4.57)$$

交流电缆：

$$I = \sqrt{\frac{\Delta\theta - W_d[0.5T_1 + n(T_2 + T_3 + T_4)]}{RT_1 + nR(1 + \lambda_1)T_2 + nR(1 + \lambda_1 + \lambda_2)(T_3 + T_4)}} \qquad (4.58)$$

式中　I——一根导体中流过的电流，A；

　　$\Delta\theta$——高于环境温度的导体温升，K；

　　　R——最高工作温度下导体单位长度的交流电阻，Ω/m；

　　　n——电缆中载有负荷的导体数；

　　　W_d——导体绝缘单位长度的介质损耗，W/m；

　　　λ_1——电缆金属套损耗相对于该电缆所有导体总损耗的比率；

　　　λ_2——电缆铠装损耗相对于该电缆所有导体总损耗的比率；

　　　T_1——一根导体和金属套之间单位长度热阻，K·m/W；

T_2——金属套与铠装之间衬垫层单位长度热阻，K·m/W；

T_3——电缆外护层单位长度热阻，K·m/W；

T_4——电缆表面和周围介质之间单位长度热阻，K·m/W。

电缆在事故情况或紧急情况下，才进行过负荷运行，此时：

允许通过的电流为短时过时过载载流量可由下式计算。

$$I_2 = I_R \left\{ \frac{h_1^2 R_1}{R_{max}} + \frac{(R_R / R_{max})[r - h_1^2 \cdot (R_1 / R_R)]}{\theta_R(t) / \theta_R(\infty)} \right\} \tag{4.59}$$

$$h_1 = I_1 / I_R$$

$$r = \theta_{max} / \theta_R(\infty)$$

式中　　I_2——电缆过载前载流量，A；

$\quad\quad I_R$——电缆额定载流量，A；

$\quad\quad \theta_{max}$——允许短时过载温度，℃；

$\quad\quad \theta_R(\infty)$——电缆稳态温升，K；

R_1、R_R、R_{max}——电缆在过载前温度、额定工作温度、允许短时过载温度下的

导体交流电阻，Ω/cm；

$\quad\quad \theta_R(t)$——过载时的电缆稳态温升，K。

$\theta_R(t)$ 计算式为：

$$\theta_R(t) = \theta_C(t) + \alpha(t)\theta_e(t) \tag{4.60}$$

式中　$\theta_C(t)$——导体对电缆表面的暂态温升，K；

$\quad\quad \theta_e(t)$——电缆表面的暂态温升，K；

$\quad\quad \alpha(t)$——导体和电缆外表面之间的暂态温升的达到因数。

$\theta_C(t)$ $\theta_e(t)$ $\alpha(t)$ 计算式为：

$$\theta_C(t) = W_C[T_a(1 - e^{-at}) + T_b(1 - e^{-bt})] \tag{4.61}$$

$$\alpha(t) = \theta_C(t) / [W_C(T_A + T_B)]$$

$$\theta_e(t) = \frac{\rho_T W_1}{4\pi} \left\{ \left[-E_i\left(\frac{D_e^2}{16t\delta}\right) \right] + \sum_{k=1}^{N-1} \left[-E_i\left(\frac{-d_{PK}^2}{4t\delta}\right) \right] \right\}$$

式中　d_{PK}——第 P 根电缆与第 K 根电缆之间的中心距离。

空气敷设电缆 $\theta_R(t)$ 计算式为：

$$\theta_R(t) = \theta_C(t) \tag{4.62}$$

2. 数值计算法

随着近几年来计算机应用技术的迅猛发展，基于数值计算方法进行电缆的载流量和温度场分析计算也逐渐成为了主流的计算方法。现阶段，常见的电缆温度场的数值计算方法有有限差分法、边界元法和有限元法三种。

有限差分法。有限差分法（FDM）是最早应用的一种数值计算方法，它的基本思想是用均匀的网格离散求解域，用离散点的差分代替微分，从而将连续的微分方程和边界条件转换为网格节点处的差分方程，并用差分方程的解作为边值问题的近似解。但通过有限差分法计算时，若边界为曲线时，边界无法与节点保持完全一致，由此会造成较大的计算误差。因此，有限差分法在解决多回路电缆密集复杂敷设时的边界问题限制较多，局限性较大。

边界元法。边界元法是利用变分原理求解边值问题的一种方法。利用这一原理，就可将边值问题的复杂求解转换为相对简单的泛函极值问题的求解。边界元法计算速度较快，但在求解电缆温度场分布时，当土壤边界条件较为复杂或者电缆为电缆沟敷设时，边界元法的计算边界太多太繁杂，计算量较大。

有限元法。有限元法是在差分法和变分法的基础上发展起来的一种数值方法，它吸取了差分法对求解域进行离散处理的启示，但是有限元法对表示物理场的微分方程进行离散化求解处理，将求解域划分为诸如三角单元等形状的离散区域，然后将整个求解域上的泛函积分式展开成各单元上泛函积分式的总和，从而求得近似解。

有限元法的优势在于其在将求解域离散后计算更为简单，适用于处理各种复杂边界情况的问题，同时又可保证较高的计算准确度。因此，有限元法更适合用来进行电缆载流量和温度场的分析计算，有限元法应用最广泛。通用的有限元仿真软件如 Ansys、comsol、multiphysics 等通过预定义的物理应用模式，范围涵盖从流体流动、热传导、到结构力学、电磁分析等多种物理场，可以快速地建立模型，对电缆的温度场进行建模仿真。

（1）基于有限元法的几点假设。在应用有限元法进行海底电缆的载流量和温度场计算时，需要根据敷设的情况确定需要耦合的物理场，并搭建相应的计算模型，在建立电缆温度场有限元模型时，为简化计算，需作如下假设：

1）计算时主要研究电缆横截面上的温度分布，其径向长度相较于截面可认为无限大，在不考虑电缆敷设时扭曲的情况下，可将问题简化为二维平面温度场问题进行求解。

2）直埋敷设时土壤外表面与外部空气介质间属于自然对流传热，同样电缆沟敷设时，电缆沟盖板与外部空气介质也属于自然对流传热，传热系数视环境而定。

3）为更准确反映电缆的生热过程，电缆的线芯导体和金属护套在通过电流时，其电导率随温度发生变化。

4）除去线芯导体和金属屏蔽部分外，电缆其他各部分结构的材料物理参数均为常数，同时忽略线芯导体与绝缘层之间可能产生的接触电阻。

（2）利用有限元法求解电缆温度场的计算思想。

1）电缆的结构参数和对应敷设环境参数的确定。在进行电缆导热过程分析时需要用到电缆的结构参数、材料参数以及敷设环境参数，虽然海底电缆分为直流、交流单芯和交流三芯三种类型，但其内部结构类似，所涉及的结构参数与物性材料参数包括各层的半径、厚度和电阻率、导热系数等；同时所涉及的对应敷设环境的条件参数包括：地表外介质温度和介质导热系数、深层土壤的温度值（对应边界条件的下边界）、电缆敷设所在区域土壤的导热系数等。

2）求解域边界条件的确定。除了导热微分方程，确定边界定解条件也是进行电缆载流量和温度场分析必不可少的条件之一。根据三种边界条件对求解域进行边界划分，同时根据传热学相关知识确定各边界距离电缆中心的距离，其中上边界距离电缆中心的距离即为电缆的实际埋深。

3）求解区域网格划分。确定了导热微分方程和边界条件以后，电缆温度场计算的整体求解域划分完成，下一步便是将求解域划分成有限个小单元进行插值计算。由于三角单元网格更贴合电缆等曲面物体，本文选择将求解域划分为有限个三角单元进行求解，在进行网格划分时需遵循以下原则：对于导热系数变化较大的区域进行网格剖分时应将三角单元尺寸调小，细化该求解区域网格情况以保证计算精确性；对于导热系数变化不明显的区域进行网格剖分时可将三角单元尺寸调大，可减小不必要的计算量，同时不影响计算准确性。

4）三角单元节点的编号和单元内插值计算。在对三角单元和对应节点进行编号前应将求解区域内部单元进行分类，分类原则如下：根据求解域边界条件，将坐落在各边界上的单元网格划归为边界单元网格，并根据其所处边界位置依次分为第一、第二、第三类边界三角单元；对于求解域内部的单元网格统一划归为内部三角单元。同理，节点的分类原则与上相同。分类后便可对各单元节点进行编号，在有限元法中，节点编号的中心思想为先针对内部单元进行编号，然后依次分别是三类边界三角单元。

（3）物理场控制方程。在海底电缆本体及其敷设环境的电－热－流耦合模型中，电流、流体中传热、固体中传热、流体的流动、电热耦合、非等温流动的过程可以采用如下控制方程进行描述。

1）电场控制方程：

$$\nabla \cdot J = Q_{j,\varphi} \tag{4.63}$$
$$J = \sigma E + J_e$$
$$E = -\nabla \varphi$$

式中　∇ ——矢量微分算子；

　　　J ——电流密度矢量，A/m³；

　　$Q_{j,\varphi}$ ——电流源，A/m³；

　　　σ ——材料电导率，S/m；

　　　E ——电场强度，V/m；

　　　J_e ——外部注入电流密度，A/m³；

　　　φ ——电势，V。

2）热场的固体和流体传热方程为：

$$d_z \rho C_p v \cdot \nabla T + \nabla \cdot (-d_z k \nabla T) = d_z Q + q_0 \tag{4.64}$$

式中　d_z ——模型厚度，m；

　　　ρ ——材料密度，kg/m³；

　　　C ——恒压热容，J/（kg·K）；

　　　v ——速度，m/s；

　　　T ——材料温度，K；

　　　k ——材料的导热系数，W/（m·K）；

　　　Q ——固体材料中的热源，W/m³；

　　　q_0 ——材料的初始热量。

c）湍流场控制方程为：

$$\rho_1 (v \cdot \nabla)v = -\nabla p + \nabla \cdot (\mu (\nabla v + (\nabla v)^T) - \frac{2}{3} \mu (\nabla \cdot v)I) \tag{4.65}$$
$$\nabla \cdot (\rho_1 v) = 0$$

式中　ρ_1 ——流体密度；

p ——流体压强，Pa；

μ ——流体动力粘度，Pa·s；

I ——单位矩阵。

同时将电场与热场进行电磁热耦合，热场与流场进行非等温流动耦合。

4.2.2　海底电缆增容、节能措施

海底电缆的敷设可分为 J 形管段（海上风电）、海底段、滩涂段、登陆段。登陆段可以采用直埋、埋管、电缆隧道等敷设方式。国内外许多学者采用解析计算法和数值计算对海底电缆各种敷设方式都进行了相关的研究，得出的结论基本一致。海底电缆在海底敷设时散热条件比登陆段、浅滩段有利（热阻系数小、温度低等），故海底电缆载流量瓶颈段主要在 J 形管段（海上风电）、滩涂段、登陆段。要提升海底电缆载流量，主要在改善 J 形管段（海上风电）、滩涂段、登陆段的散热条件。

1. J 形管段海底电缆增容措施

空气段对形管段载流量起最大的限制作用，主要因为 J 形管内空气自然对流所能带走的热量有限，同时外界风也被 J 形管所阻挡，海底电缆的散热环境较差。实际上，风电场发电时必然有风，且风速越大风电场出力越大，而同时风所能带来的冷却效果也越强。因此一个自然而又简单的提高 J 形管段载流量的思路是利用外界自然风，即将其引入 J 形管以实现强迫通风，从而改善 J 形管内部热环境，海底电缆受到的冷却效果也会随外界风速的增大而增强。最为简单的实现方法即是在 J 形管表面专门设计一些通风口，达到强迫通风的效果，以提升海底电缆的载流量。

2. 登陆段海底电缆增容措施

滩涂段因土壤含水率高、土壤的热阻系数低，故散热条件较登陆段好，滩涂段海底电缆载流量比登陆段高。要提升登陆段海底电缆载流量，就是要改善登陆段的散热条件。

（1）填充低热阻系数材料。近些年，低热阻填充材料的相关研究取得了一定的进展。卢健等人完成了低热阻填充材料在直埋、排管和沟道等敷设方式下填充土壤等传统材料及以膨润土为基材的低热阻填充材料或向管道中泵入低热阻填充材料情况下电缆载流量的对比情况，发现低热阻填充材料能够有效提升穿管敷设（包括管群负荷以及穿管敷设）的载流量，提升幅度明显。张鸣等人

采用温升试验评估了 10kV 三芯电缆在 3×3 排管群，以及 110kV 单芯电缆在单根穿管内采用低热阻系数填充前后载流量的变化，发现可流动低热阻系数填充材料能消除穿管内密闭空气对电缆散热的不良影响，有效改善穿管敷设电缆的载流量。

采用低热阻系数填充材料改善电缆线路外部散热环境是国外普遍采用的一种电缆载流量提升方式。在电缆沟和排管敷设的电缆中使用低热阻填充材料能大幅改善电缆的散热环境，提高电缆的载流量，在相同的载流量下可降低电缆导体运行温度，延长电缆使用寿命，在相同条件下可选择较小截面的电缆，经济效益明显，具有广阔的应用前景。

在直埋敷设时，可采用换填低热阻系数材料来提升海底电缆载流量；在排管敷设时，可在管道内填充低热阻系数材料、管道外部换填低热阻系数材料来提升海底电缆载流量；在电缆沟敷设时，可在电缆沟内填充低热阻系数材料来提升海底电缆载流量。

（2）充水电缆沟。登陆段海底电缆直埋时载流量有限，主要是因为所处土壤较为干燥，而即使采用电缆沟敷设，因为空气对流换热能力较弱，载流量的提升也不是特别显著。实际上，海底电缆完全可在海水中运行，而水的对流换热能力也要比空气的强非常多，水的导热系数是空气的 20 多倍，水的比热容和密度也要比空气的大很多，即单位体积的水能够携带远远更多的热量，两者换热强度差异显著。因此相比空气，水的自然对流能够从海底电缆带走更多的热量，从而进一步提升载流量。一种技术上可行的方案是使海底电缆运行于充水电缆沟中，无需水的强迫冷却或循环。

登陆段靠近海岸，获取海水方便，可以就近抽取海水，使海底电缆置于海水中运行。充水电缆沟敷设方案如图 4-19 所示，海底电缆从滩涂段进入登陆段充水电缆沟中，两段相接处做好隔水措施，最后海底电缆从电缆沟引出并接至陆上终端。

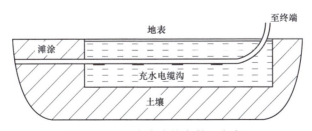

图 4-19 充水电缆沟敷设方案

（3）改变接地方式。一般海底电缆线路较长，为了对长距离海底电缆感应电压的限制，在金属护层两端进行直接接地是海底电缆线路的基本要求。但这种接地方式会在铅套和铠装上产生环流损耗而影响海底电缆载流量，尤其是登陆后的海底电缆部分，其是线路中最热的部分，损耗和相互热影响都很高。

1）将铅套和铠装互联接地。在海底电缆登陆时先将海底电缆的铅套与钢丝铠装进行短接，并做好铅套外的防水处理后，再将钢丝用锚固装置固定并接地，在终端处采取保护接地方式，即可实现铅套单点接地。

2）转接陆缆。海底电缆登陆后，将钢丝从海底电缆上剥离，然后用锚固装置固定，并做好接地处理；剥去钢丝的海底电缆通过绝缘接头过渡，转换为陆缆，绝缘接头两端直接接地，电缆终端处保护接地。这样就保证了海底电缆的铅套和铠装两端接地，陆缆的金属套单点接地，陆缆上不再有环流损耗。陆缆截面的大小可以与海底电缆相同，也可以大于海底电缆截面，取决于登陆后的敷设环境条件。该方法虽能提升海底电缆登陆段载流量，但因整个线路中增设了中间接头，增加了运行风险，其较适合于登陆后敷设环境条件差，需要转接更大截面陆缆的情况。

» 4.3　海底电缆绝缘型式选择 «

高压和超高压海底电缆的绝缘必须具有优良的电气性能、耐热性和抗老化性能等特性。绝缘材料性能直接决定了海底电缆的质量和性能及是否满足超高压输电的长期运行可靠性要求。目前，海底电力电缆根据输电方式分为交流海底电缆和直流海底电缆两类，交流海底电缆根据不同的绝缘种类主要分为充油交流海底电缆、乙丙橡胶绝缘交流海底电缆、交联聚乙烯绝缘（XLPE）交流海底电缆，直流海底电缆根据不同绝缘层材料可分为充油电缆、粘性浸渍纸绝缘电缆、XLPE绝缘电缆。

海底电缆绝缘结构选型是电力工程建设中一个重要的组成部分，充油海底电缆和交联聚乙烯绝缘电缆是目前可供选择的两种主要型式，在具体的工程项目中，选择哪一种电缆比较安全和经济，需要进行详细的技术经济比较。

4.3.1　充油海底电缆

充油电缆是利用补充浸渍剂原理，来消除绝缘中形成的气隙，以提高电缆工作场强的一种电缆类型。根据充油通道不同分为自容式充油电缆（SCOF cable）和钢管充油电缆，其中自容式充油电缆根据导体结构又可分为单芯充油电缆和三芯充油电缆。由于电缆绝缘内部保持一定的压力，外界水分和空气不能从电缆本体或附件进入绝缘内部，因此，充油电缆只要油压正常，它的长期运行可靠性就不成问题，使用寿命可达四五十年。充油海底电缆有一个重要的特点，即当电缆受到外力破坏而发生少量漏油时，不必马上进行停电处理，仅需从补油设备补充一些油维持正常运行，使检测故障点和修理的工作可以适当延长。

充油海底电缆的金属护套要承受电缆内部油压的作用，在高落差的敷设条件下，静油压加大，虽然可以用增大护套厚度、加强铠装或采用塞止式接头等技术措施来解决，但由于技术上和经济上的原因，其敷设落差还是受较大的限制。充油海底电缆可以连续生产，大长度的海底电缆可以避免出现接头的情况。

1. 海底充油电缆绝缘材料类型

海底充油电缆绝缘材料基本上采用两种类型，一种是低损耗牛皮纸，另一种是聚丙烯复合纸（PPLP），亦有称半合成纸、复合纸。

（1）低损耗牛皮纸绝缘材料。超高压自容式单芯充油电缆系采用低损耗牛皮纸作绝缘材料，同时采用低粘度矿物油来浸渍电缆纸绝缘，并在电缆内部设置油道与供油箱相联以保持电缆中油的压力，从而抑制了电缆绝缘内部气隙的产生，使电缆的工作耐压得到大大的提高。

油浸纸绝缘的充油电缆技术成熟，其电气性能可靠、机械性能良好、安装简便、维护容易，能适应于各种不同的敷设条件。1924 年在意大利米兰安装的第一条 130kV 油浸纸绝缘充油电缆和 1927 年美国纽约和芝加哥安装的 132kV 油浸纸绝缘充油电缆均成功地运行 50 年以上。

（2）PPLP 绝缘材料。PPLP 是一种低损耗的新型绝缘材料，20 世纪 80 年代已运用在超高压电缆制造中。由于其具有充电电流小、传输损耗小的优点，同时有着良好的弯曲和盘园性能，其制造长度和运输方面有一定优点，在电缆导体截面相同的情况下，与低损耗牛皮纸绝缘电缆相比，其载流量较高，技术上具有突出的优势。在超高压、大容量交流充油电缆的开发研究中，PPLP 占有重要的地位。目前 PPLP 绝缘材料的大截面海底电缆在日本跨 Kii 海峡直流±500kV 海底电缆工程、欧洲 Western Link±600kV 海底电缆工程中均有应用。

高压直流、交流自容式充油海底电缆如图 4-20 所示。粘性浸渍纸绝缘高压直流海底电缆如图 4-21 所示。

图 4-20　高压直流、交流自容式充油海底电缆　　图 4-21　粘性浸渍纸绝缘高压直流海底电缆

2. 充油电缆优缺点

充油电缆已经有约 100 年的使用历史，1924 年意大利安装了第一条 130kV 充油电缆；美国自 1927 年首次使用 132kV 充油电缆，并于 1934 年完成第一条 220kV 电缆的敷设。1954 年，瑞典 Gotland 岛敷设了世界上第一条 100kV 高压直流充油海底电缆，粘性浸渍纸绝缘绝缘直流海底电缆已投运的最高电压等级为 500kV。充油电缆在制造和使用上，都有一套比较成熟的技术和经验。其优点主要有：

（1）可靠性高。由于电缆绝缘你不保持一定压力，外界水分和空气不能从电缆本体或附件进入绝缘内部，因此，充油电缆只要油压正常，它的长期运行可靠性就不成问题，使用寿命可达四五十年。充油海底电缆即使出现外护套损伤造成漏油等异常现场，运行人员可通过异常和报警装置动作及时采取措施进行处理，避免造成事故。如果漏油量不大，可通过供油装置维持油压继续运行，待停电时再处理。

（2）维护工作量少。由于充油电缆绝缘处于一个密封系统内，当海底电缆敷设完毕后，经交接试验合格投产后，不需进行维修和预防性试验，只需配合停电定期取油样化验。

（3）所需备品少。充油电缆不论是电缆本体还是附件，其通用率较高，从而大大减少备品的数量。备用保存时间较长，当绝缘油出现劣化时，可采取过滤处理后继续使用。

（4）使用更高电压等级。PPLP 绝缘材料和普通的电缆绝缘纸相比，具有更高的绝缘强度和低介电损耗，适用于更高电压等级充油电缆，目前加拿大魁北克水电开发项目中的交流 800kV 海底电缆是世界上最高电压等级的充油海底电缆。

充油海底电缆主要缺点有：

（1）敷设安装不方便。由于充油海底电缆本体任何时候不能离开压力箱盒油管等设施，这样大大增加了敷设施工的难度和复杂性，对施工人员的专业要求较高。油务工作是充油海底电缆施工中重要组成部分，必须由受到专门训练的油务工作人员进行，还需要油务装置和仪器。

（2）易燃性高。充油电缆用的绝缘油是可燃液体，闪点低，容易着火，在封端操作要使用喷灯等明火器具，稍不注意便会引燃着火。

（3）落差和长度受限制。充油电缆的金属护套要承受电缆内部油压的作用，在高落差的敷设条件下，静油压加大。虽然可以增加护套厚度，加强铠装或采用塞止接头等技术措施来解决，但由于技术和经济上的原因，其敷设落差还是受较大的限制。

4.3.2　粘性浸渍纸绝缘电缆

普通粘性浸渍纸绝缘铅包电缆自 20 世纪问世以来被广泛用于 35kV 及以下的电缆线路中。但由于这种电缆所用的浸渍剂存在滴流缺陷，使其使用场所和工作温度都受到限制。为此，英国、法国、瑞士、苏联等国家先后进行大量研究，试制成功了油浸纸绝缘不滴流电力电缆（Mass-impregnated cable）。这种电缆采用的浸渍剂在工作温度下呈塑性腊状体，不易流动，因此不仅适用于高落差和垂直敷设等场合，且电缆的最高工作温度得到提高。更重要的是，由于其不会由于浸渍剂淌流而扩大电缆的气隙，因此能适用于比粘性浸渍电缆更高的电压等级。

粘性浸渍纸绝缘电缆的绝缘层温度较低时，绕包气隙中会形成小的气隙，在电场作用下可能产生放电。在交流电压下，该放电每半个周期会出现一次。同一区域多次的重复放电可能会导致绝缘纸老化直至击穿，因此，粘性浸渍纸绝缘电缆尚难以在超高压交流中使用。在直流电压下，放电机理与交流不同，因此几乎不会出现局部放电。当电缆温度升高后，绝缘材料发生膨胀，绕包气隙会消失，从而使绝缘强度大大提高，因此迄今为止，这种电缆都只在超高压直流海底电缆系统中应用过，最高可用于 500kV 直流输电。

粘性浸渍纸绝缘高压直流海底电缆的历已超过 100 年，最高适用于直流 500kV，美国 Neptune 工程中的 500kV 直流海底电缆就采用这种结构。长期运行经验表明，粘性浸渍纸绝缘海底电缆运行安全可靠，目前最长的工程路由长为

580km（NorNed 工程，2008 年投运），具备粘性浸渍纸绝缘海底电缆生产能力的企业包括 ABB、普睿司曼 Prysmian、耐克森 Nexans、日本 J-Power 和藤仓。

4.3.3 交联聚乙烯绝缘海底电缆

交联聚乙烯电缆（XLPE cable）作为电力电缆的主绝缘材料具有良好的耐热性和电气性能，其结构轻便、易于弯曲、电气性能优良、耐热性能好、传输容量大、安装方便、附件制作简单、无供油系统等，因此被广泛应用于高压海底电缆工程。近年来，随着原材料品质和制造工艺的不断提升，交联聚乙烯海底电缆应用电压等级已逐渐提升至交流 500kV。2016 年，中国开始建设的"镇海—舟山 500kV 海底电缆工程"世界首次采用了 500kV 单芯交流交联乙烯绝缘海底电缆，2023 年青洲一二海上风电送出工程世界首次采用了 500kV 交流三芯交联聚乙烯绝缘海底电缆。

从制造角度来说，长距离超高压交联聚乙烯海底电缆的技术难点主要在于海底电缆一次性生产长度和海底电缆工厂软接头。与陆地电缆比，海底电缆要求一次性生产尽可能长的海底电缆，从而减少中间接头的数量。目前，国内海底电缆厂家单根海底电缆无软接头最大生产长度为 18～26km（理论值），实际长度与交联聚乙烯挤出设备连续开机时间有关。

目前，世界上已投运的最高电压等级交流充油海底电缆为 500kV，具备 500kV 充油海底电缆生产能力且具有较多供货业绩的电缆企业为意大利普睿司曼 Prysmian、法国耐克森 Nexans 公司。挪威 Ormen Lange 天然气田工程中 400kV XLPE 绝缘高压交流海底电缆是目前世界上最高电压等级 XLPE 海底电缆。由于直流输电损耗小，输送容量大，国际上在过去几十年投运了大量的高压直流海底电缆。1998 年，第一条 XLPE 挤出绝缘高压直流电缆线路在瑞典 Gotland 工程中投运，电压等级为 ±80kV，电缆截面为 340mm²，海底电缆长度 140km。随着柔性直流输电技术（HVDC-VSC）和海上风电技术的日益成熟，相继投运多项 XLPE 挤出绝缘直流海底电缆工程。目前，欧洲北海风电项目中已投运的最高电压等级挤出绝缘海底电缆电压等级为 400kV，更高电压等级的挤出绝缘海底电缆工程中在建设中（荷兰 Ijmuiden Ver，±525kV），见图 4-22。NordBalt 立陶宛-瑞典工程中的 ±300kV 挤出绝缘直流海底电缆长度 400km，是目前最长的挤出绝缘海底电缆。挤出绝缘高压直流海底电缆工程主要由 ABB、Prysmian、NKT 供货。

随着近年柔性直流输电技术的迅速发展（电压等级达到 ±525kV），对高压直流电缆的需求与日俱增。20世纪高压直流电缆主要采用油纸绝缘，70年代以后，交联聚乙烯（cross linked polyethylene，简称XLPE）挤包绝缘高压交流电缆研制成功，因其与油纸绝缘相比具有制造工艺简单、容量大（最高工作温度从55℃提升到90℃）、维护方便、成本低等优点得到了广泛应用。同时挤包绝缘直流电缆技术在国际学术和工业界上也得到广泛关注，但研究发现，在XLPE绝缘中，电导对温度、电场的敏感性等因素的共同作用，直流电缆绝缘中电场变化受运行工况影响远大于交流电缆。同时直流电压作用小空间电荷的积聚将改变电缆绝缘中局部电场分布，从而导致局部老化的加速甚至失效。因此抑制空间电荷和合理调控电导随温度和电场的变化，是发展新型挤包绝缘高压直流电缆必须解决的难题。

图4-22 挤出绝缘（ERP、XLPE）高压交流、直流海底电缆

4.3.4 聚丙烯绝缘海底电缆

自21世纪以来，聚丙烯（PP）基热塑性材料因其较高的温度稳定性和良好的可回收性引起了人们的广泛关注。聚丙烯是一种性质接近聚乙烯的热塑性无毒材料，可通过共混、共聚及接枝等多种改性方式，使介电性能更加优异，且耐温性能比聚乙烯更佳，长期工作温度更高，对提高电缆载流量、耐高压性能具有重要增效。同时聚丙烯材料可回收再利用，具有明显的经济环保优势；挤出过程无需交联，生产能耗可减少50%以上。

国际上，其优质特点已被逐渐开发，意大利普睿斯曼公司开发了高性能热塑性材料（HPTE），这是一种基于热塑性聚丙烯的非交联绝缘体系；2015—2016年普睿斯曼先后成功研制±320、±525、±600kV聚丙烯高压直流电缆并通过试验验证。聚丙烯作为一种新型电缆绝缘材料，其抗水树性能优异，可充分挖掘以达到去铅层的海底电缆结构优化应用，有效降本；聚丙烯的非极性材料特征，赋予其超高压直流海底电缆应用的重要迭代潜力。粗略估算，聚丙烯绝缘海底电缆的输电容量比当今主流的交联聚乙烯绝缘海底电缆同流能力增加了约20%，降本减碳效果显著。目前，国内首个已在国家能源集团国电象山 1 号海上风电（二期）项目中实现了示范应用，未来聚丙烯绝缘的海底电缆端应用前景巨大。聚丙烯绝缘高压交流、直流电缆如图 4－23 所示。

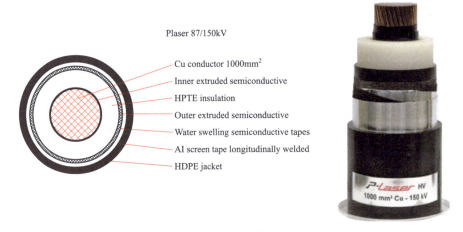

图 4－23 聚丙烯绝缘高压交流、直流电缆

➤ 4.4 海底电缆护层选型 ◀

海底电缆的护套包括金属护套和非金属护套，它们在电缆主体电气结构的主绝缘外层，起到对电缆绝缘层的密封、隔离内外环境、绝缘最外层的电位接地限位等作用。因此，海底电缆护层要具备防水、耐受海水的腐蚀、具备一定机械强度等性能，以此需要对海底电缆内部结构起到必要的保护作用，以下就海底电缆护层的选型进行概述。

4.4.1 金属护套选型

金属护套除了作为不透水和不透气的保护层，并对防止绝缘受到机械损伤有一定的作用外，还需满足短路热稳定性的要求。高压电缆的金属护套主要有铅套、铝套和铜套等，铅套密封性能好，可以防止水分或潮气进入电缆绝缘，熔点低，可以在较低温度下挤压到电缆绝缘外层，耐腐蚀性较好；弯曲性能较好，故海底电缆一般均采用铅套。

铅护套为松紧适当的无缝铅管，材质应符合标准《电缆金属套》(JB/T 5268.2)中的要求，其标称厚度为：

$$\Delta = 0.03D + 1.1 \tag{4.66}$$

式中　D——铅套前假定直径。

根据 IEC Pub.949—1988，金属护套的绝热短路电流按下式计算：

$$I_{AD} = \frac{KS\sqrt{\ln\dfrac{\theta_f + \beta}{\theta_i + \beta}}}{\sqrt{t}} \tag{4.67}$$

式中　K——载流体材料比热容系数，$As^{1/2}/mm^2$；

　　　S——金属屏蔽截面积，mm^2；

　　　θ_f——短路终止温度，℃；

　　　θ_i——短路起始温度，℃；

　　　β——温度系数的倒数，K；

　　　t——短路持续时间，S。

将系统短路电流与 I_{AD} 进行对比，以确定所选电缆的金属护套是否满足热稳定性要求。

由于防腐需要，直流海底电缆一般采用铅护套，参考海底电缆设备国标规程中（如 220kV 交流海底电缆的 GB/T 32346、直流海底电缆的 GB/T 31489 等）的规定数值，设计中可根据拟用海底电缆导体截面选用推荐的铅护套标称厚度，并计算器几何截面。通过铅护套截面的计算，复核金属护套允许短路电流，评判是否满足海底电缆连接开关设备的最大短路电流。

4.4.2　非金属护套选型

为防止铅套磨损和腐蚀，一般在铅套外面挤包一层聚乙烯护套，按照国标《电缆外护层》(GB/T 2952) 中条文规定，其标称厚度 $T = 0.03D + 0.6$。

目前部分交流海底电缆工程采用添加炭黑的半导电聚乙烯作为聚合物护套，为内层的金属套和外层铠装提供等电位连接，以降低金属套上的感应电压，但其成本较高、耐腐蚀性稍差。对于直流海底电缆，正常运行时金属套上无感应电压，更多考虑过电压条件下的非金属护套耐受能力。

在遭受操作过电压冲击时，须考虑海底电缆金属铅套上的暂态感应过电压是否超过聚合物护套的冲击耐受电压。一般采用电容耦合法（Rusck–Uhlman 公式）对金属护层中可能会出现的冲击感应过电压进行初步计算。

$$U_{23} = U_{tr} \frac{C_{12}}{C_{12} + C_{23}} \cdot [1 - e^{(-\beta x)}] \qquad (4.68)$$

$$\beta = VR_{S}(C_{12} + C_{23}) / 2$$

式中　U_{tr}——过电压侵入波的幅值，kV；

C_{12}——电缆线芯对金属护层的电容，F/km；

C_{23}——金属护层对铠装层的电容，F/km；

x——传播距离，km；

V——过电压侵入波在海底电缆中的波速，km/s；

R_{s}——金属护层的电阻，Ω/km。

外护套的冲击耐受电压应满足 GB/T 2952.1—2008 中表 3 的要求，见表 4–1。若没有超过允许值，则推荐采用聚乙烯护套；若超过允许值，应采取聚乙烯外护套加海底电缆金属护套分段短接或半导电外护套的措施。

表 4–1　GB/T 2952.1—2008 中表 3 绝缘塑料外护套冲击试验电压

主绝缘耐受标称雷电冲击电压峰值 kV	冲击电压峰值 kV	主绝缘耐受标称雷电冲击电压峰值 kV	冲击电压峰值 kV
≤325	30.0	1175<U<1550	62.5
325<U<750	37.5	U≥1550	72.5
750<U<1175	47.5		

4.4.3　海底电缆金属护套接地方式选择

金属护层接地方式选择是电缆工程设计的重要组成部分，海底电缆线路与陆缆线路相比，在金属护层接地方式的选择上有较大的不同。由于陆缆线路长度较短，一般采用"单端接地"或"三相交叉互联接地"的接地方式，以限制金属护层感应电压与环流的产生。可是，此两种接地方式均不能用于海底电缆线路中，主要原因为：由于海底电缆线路较长，动辄几十公里，"单端接地"会使不接地端的金属护层在工频电压电流、短路电流和过电压冲击波的作用下感应出过高的电压，威胁海底电缆线路的安全运行；"三相交叉互联接地"可以很好地解决感应电压和电磁感应环流的问题，但由于海底电缆绝大部分敷设于海底，无法像陆缆一样实施三相交叉互联，因此也不能采用。

基于上述原因，现行电缆设计规范对海底电缆线路金属护层接地方式的基本要求均为"两端直接接地"，在这一基本要求的指导下，目前海底电缆工程较为常用的接地方式有以下三种：

（1）两端三相互联接地，中间不短接。在海底电缆两端，金属护层和铠装分别三相互联接地，其他部分不做特殊处理，保证海底电缆的完整性。

（2）两端三相互联接地，分段短接。在海底电缆两端，金属护层和铠装分别三相互联接地，并且每隔一定距离按设计要求把金属护层和铠装层短接一次，短接点一般选择于海底电缆的软接头处。

（3）两端三相互联接地，采用半导电外护套。在海底电缆两端，金属护层和铠装分别三相互联接地，并在原绝缘外护套的材料中添加具有导电特性的炭黑，即采用半导电外护套。对于路径较长的海底电缆线路，可采用两端三相互联接地的金属护套接地方式；对于路径较长的海底电缆线路，可计算金属外护套上的工频感应电压和暂态感应过电压，判断是否超过护套耐受的过电压能力；如外护套上暂态过电压超标，可考虑采用半导电 PE 外护套，或者采用聚乙烯护套加海底电缆金属护套分段短接的方式。

海底电缆附件选型

5

海底电缆附件是安装在海底电缆上，实现海底电缆与海底电缆、海底电缆与陆缆、海底电缆与输配电线路（或相关配电装置）之间连接的装置。海底电缆附件按其安装位置可分为终端和接头两类。电缆线路系统如图 5-1 所示。

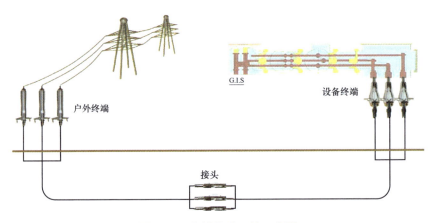

图 5-1　电缆线路系统示意图

海底电缆附件选型主要考虑两个方面，一是应与海底电缆绝缘类型（交联聚乙烯、聚丙烯、充油绝缘、纸绝缘等）匹配，二是应与其使用环境及产品特点匹配。对于充油海底电缆，附件通常还包括供油系统。

≫ 5.1 海底电缆终端 ≪

终端安装在海底电缆线路末端，集密封、应力控制、屏蔽、绝缘功能于一体，一般与其他输变电设备或配电装置连接。按其连接设备的不同，终端可分为户外终端、GIS 终端、油浸终端及其他类型的终端附件，其中 GIS 终端、油浸终端亦统称为设备终端。

户外终端是指在受阳光直接照射或暴露在气候环境下或者两者都存在的情况下使用的电缆终端，一般用于连接海底电缆与输电线路，起到保护电缆和电力传输的作用。GIS 终端是安装在气体绝缘封闭开关设备内部，以 SF$_6$ 气体或其他绝缘气体为其外绝缘的气体绝缘部分的电缆终端。油浸终端是安装在油浸式变压器设备油箱内，以绝缘油为其外绝缘的液体绝缘部分的电缆终端。其他类型的终端附件主要包括全预制干式柔性终端和可分离连接器，全预制干式终端是一种集应力锥、内外绝缘、伞裙为一体的干式终端，主要应用于 110kV 及以下的电压等级电缆系统中。可分离连接器是安装在环网柜、电缆分支箱及变压器等电气设备上，用于连接电缆和设备套管的终端。

5.1.1 户外终端

户外终端按其内部结构不同，终端可分为无环氧绝缘件户外终端和含环氧绝缘件户外终端。

1. 无环氧绝缘件户外终端

无环氧绝缘件户外终端按其外绝缘不同，可分为瓷套终端和复合套管终端。其结构如图 5-2 所示。两种终端的结构形式除外绝缘不同以外，其他组成部件结构相同。无环氧绝缘件户外终端主要由如下六部分组成：

（1）应力锥：具有改善电缆终端电场分布的作用，属于终端核心部件，一般在工厂中用乙丙橡胶或者硅橡胶高压注射成型。

（2）液体绝缘填充剂：液体绝缘填充剂应与相接触的绝缘材料和结构材料相容，因此其应根据应力锥的材料合理选择，避免液体绝缘填充剂和应力锥发生溶胀，对乙丙橡胶材料应力锥一般推荐采用硅油或聚异丁烯作为绝缘填充剂，对硅橡胶材料应力锥一般推荐采用聚异丁烯或高粘度硅油作为绝缘填充剂。

（3）外绝缘：主要依据使用场合选择瓷套和复合套管，还应按照海拔、使用环境的盐雾和污秽程度设计伞裙的结构和爬电距离。

（4）密封结构：主要包括外绝缘套管上下端部的密封、电缆的密封。

（5）金具：包括出线金具、屏蔽罩和尾管等。

（6）支撑绝缘子：具有将电缆屏蔽与大地绝缘隔离的作用。

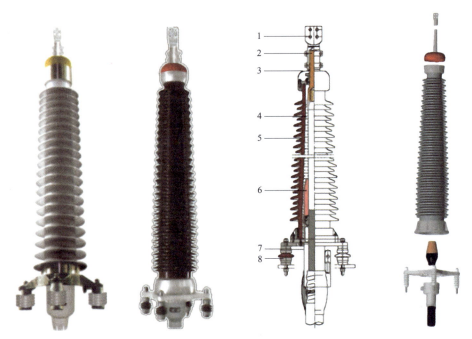

图 5-2　无环氧绝缘件户外终端结构图

（左为复合套管终端，右为瓷套终端）

1—出线金具；2—接线柱；3—屏蔽罩；4—绝缘填充剂；5—复合套管/瓷套；6—应力锥；
7—尾管；8—支撑绝缘子

2. 含环氧绝缘件户外终端

含环氧绝缘件户外终端按其外绝缘不同，也可分为瓷套终端和复合套管终端。其结构组成除包含无环氧绝缘件户外终端组成的六部分外，还包含了环氧绝缘件和弹簧压缩装置两个部分。其结构如图 5-3 所示。

（1）环氧绝缘件：位于应力锥外部，隔绝应力锥与液体绝缘填充剂之间的接触，避免液体绝缘填充剂和应力锥发生溶胀。

（2）弹簧压缩装置：位于应力锥底部，通过螺栓调整压力，使预制应力锥表面牢固压在环氧绝缘件和电缆绝缘上，克服应力锥由于材料老化带来的弹性松弛、应力锥与电缆外半导电层接触不良等隐患，提高绝缘性能。

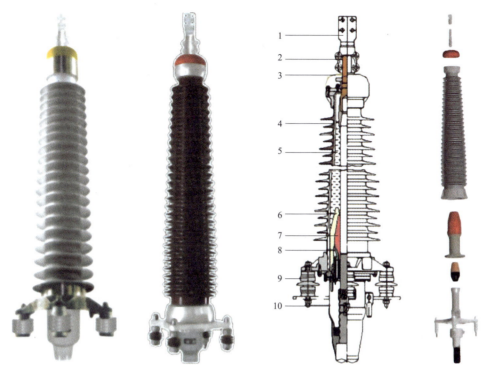

图 5-3 含环氧绝缘件户外终端结构图

（左为复合套管终端，右为瓷套终端）

1—出线金具；2—接线柱；3—屏蔽罩；4—复合套管/瓷套；5—绝缘填充剂；
6—环氧绝缘件；7—应力锥；8—弹簧压缩装置；9—支撑绝缘子；10—尾管

3. 户外终端产品特点及选型

户外终端主要用于电缆线路端部，实现与架空线路等高压线路相连。无环氧绝缘件户外终端与含环氧绝缘件户外终端均为市场上较为常见、应用较为广泛的成熟产品，其选型主要考虑以下几点：

（1）两种结构的户外终端总体而言机械及电气性能相差不大，均能够改善因海底电缆结构变化导致的电场畸变情况，并提供优良的机械及电气性能，具备较强的环境适应性。

（2）户外终端具有较好的刚性强度，安装时仅需提供带强度的支撑底座即可实现架空线路、铜排等不同方式的连接。

（3）在无环氧绝缘件户外终端中，密封一般采用带材绕包方式密封。含环氧绝缘件户外终端中，通过弹簧压缩装置压缩橡胶应力锥进行密封，相较而言，密封结构较为可靠，但安装更复杂。在密封要求较严苛的场所建议选用含环氧绝缘件户外终端。

（4）复合套终端外绝缘材质为硅橡胶，具有憎水性，故障时不会产生飞溅物，防爆性能较好，因此在人员密集场所、多雨且污秽或盐雾较重地区建议选用复合套管终端。而瓷套终端抗腐蚀性强，机械性能好，但在产品故障发生时会产生飞溅物，危害周围设备以及工作人员安全，因此在非人员、设备密集的偏僻地区或已采取防故障灾害防护措施的环境中，建议选用瓷套终端。

（5）海底电缆终端安装后裸露金属材料应有耐腐蚀处理或措施，使产品满足海洋环境长期使用需求。

5.1.2　GIS 终端

GIS 终端结构紧凑，不受海拔和外界环境的影响，在高海拔地区、污染地区和城市中心，越来越得到广泛应用。根据其内部绝缘介质的不同，GIS 终端可分为干式绝缘 GIS 终端和液体填充绝缘 GIS 终端。

1. 干式绝缘 GIS 终端

干式绝缘 GIS 终端内部无需填充任何的绝缘填充剂，绝缘强度高，性能稳定，其结构一般由以下五部分组成，如图 5-4 所示。

（1）应力锥：具有改善电缆终端电场分布的作用，属于终端核心部件，一般在工厂中用乙丙橡胶或者硅橡胶高压注射成型。

（2）环氧绝缘件：具有增强绝缘和与 SF_6 气体隔离的作用。

（3）弹簧压缩装置：位于应力锥底部，通过螺栓调整弹簧压缩量，使预制应力锥表面牢固压在环氧绝缘件和电缆绝缘上，克服应力锥由于材料老化带来的弹性松弛、应力锥与电缆外半导电层接触不良等隐患，提高界面绝缘性能与密封性能。

（4）密封结构：主要为环氧绝缘件与电缆之间的密封。

（5）金具：包括导电套、接线柱和尾管等。

2. 液体填充绝缘 GIS 终端

液体填充绝缘 GIS 终端结构形式与干式绝缘 GIS 终端相类似，区别在于液体填充绝缘 GIS 终端在应力锥与环氧绝缘件界面间有少量绝缘油填充，并保持一定油压，终端使用时一般还需配备油压及泄漏监测装置进行实时监测，其结构如图 5-5 所示。

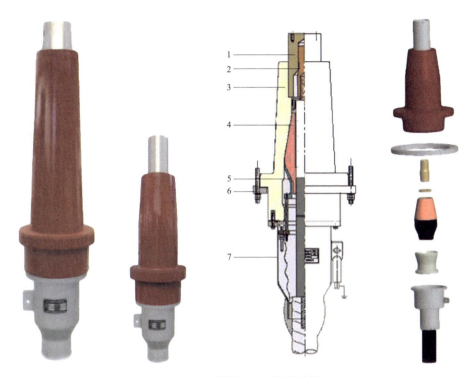

图 5-4 干式绝缘 GIS 终端结构图

（左 1 实物图为长型 GIS 终端，左 2 实物图为短型 GIS 终端）

1—导电套；2—接线柱；3—环氧套管；4—应力锥；5—锥托；6—法兰；7—尾管

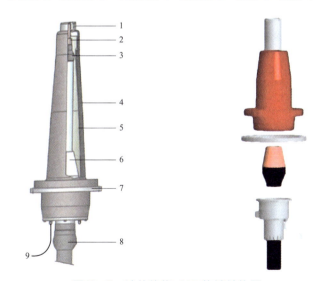

图 5-5 液体绝缘 GIS 终端结构图

1—导电盘；2—出线杆；3—密封；4—环氧套管；5—绝缘填充剂；6—应力锥；

7—法兰盘；8—尾部密封组件；9—油压装置

3. GIS 终端产品特点及选型

GIS 终端是安装在气体绝缘封闭开关设备内部以 SF_6 气体为外绝缘的气体绝缘部分的电缆终端，一般用于连接海底电缆端部与开关设备，其选型主要考虑以下几点：

（1）目前市场上 GIS 终端与 GIS 开关设备的连接尺寸及供货分界范围按照 IEC 62271、IEC 60859 和 GB/T 22381 设计。同一电压等级的 GIS 终端产品，根据与开关设备配合高度尺寸的不同有长型和短型两种尺寸，选配时需开关设备厂家与电缆附件厂家进行匹配。短型 GIS 终端可通过在顶部增加金属加长部件以匹配长型终端的接口高度。

（2）目前市场上常用的 GIS 配套优先选用干式绝缘 GIS 终端。

（3）充油式 GIS 终端内部需填充绝缘填充剂，且运行时内部绝缘油要保证一定的压力，因此需额外设置油压装置，并定期监测油箱的内压力。

（4）海底电缆 GIS 终端安装后裸露金属材料应有耐腐蚀处理或措施，使产品满足海洋环境长期使用需求。

5.1.3　油浸终端

油浸终端结构与 GIS 终端基本相同，主要与充油变压器设备相连接，根据其内部绝缘介质不同，也分为干式油浸终端和液体绝缘填充油浸终端。其产品特点及选型与 GIS 终端一致。

5.1.4　其他类型的终端

除瓷套终端、复合套管终端、GIS 终端外，还有其他类型的终端因其使用特点在特定场合进行使用。主要有全预制干式终端、可分离连接器。

1. 全预制干式终端

全预制干式终端（也叫干式柔性终端）是一种应力锥、内外绝缘、伞裙为一体的干式终端，一般采用硅橡胶为原材料进行制造，在工厂内预制成整体式的终端主体，现场施工剥切处理电缆完成后将终端主体套入电缆的一端，通过橡胶自身收紧力抱紧在电缆上，安装过程中终端主体与电缆绝缘的界面暴露的时间很短，终端安装工艺简单，安装时间短。主要应用于 110kV 及以下的电压等级电缆系统中。全预制干式终端一般由如下三部分组成，如图 5-6 所示。

（1）绝缘主体：具有外绝缘和改善电缆终端电场分布的作用，一般在工厂中用硅橡胶高压注射成型。

（2）接线端子：用于连接电缆导体和电气设备的金属导电部件。

（3）密封结构：主要为终端顶部及底部的密封构件。

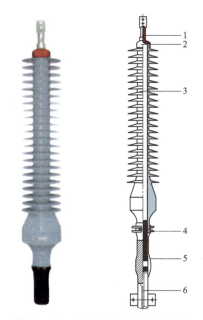

图5-6　全预制干式终端结构图

1—接线端子；2—罩帽；3—绝缘主体；4—集流环；5—热缩管；6—接地线

2. 可分离连接器

可分离连接器可通过导电连接杆将多组前接式绝缘主体与后接式绝缘主体组合连接，形成多回路。各绝缘主体之间结构紧凑，无相间距要求，对安装空间要求较小，安装方式可水平、垂直及任意角度安装。其结构一般由以下五部分组成，如图5-7所示。

（1）应力锥：具有应力控制和改善电场分布的作用，一般在工厂中用乙丙橡胶或者硅橡胶高压注射成型。

（2）绝缘主体：以硅橡胶或乙丙橡胶为基材的橡胶绝缘件，主要起外绝缘及改善电场分布的作用，根据结构形式不同可分为前接式绝缘主体和后接式绝缘主体，前接式绝缘主体主要具有连接设备绝缘套管的作用，而后接式绝缘主体的主要作用为将多分支电缆与可分离连接器进行连接。

（3）连接金具：主要为电缆导体连接金具。

（4）绝缘套管：用于连接前接式绝缘主体和后接式绝缘主体的环氧绝缘部件。

（5）塞止头：用于前接式绝缘主体和后接式绝缘主体上的电场屏蔽连接部件。

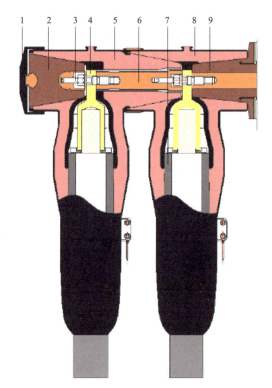

图 5-7　可分离连接器结构图

1—端盖；2—塞止头；3—变径螺杆；4—接线端子；5—后接式绝缘主体；6—空心螺杆；
7—应力锥；8—前接式绝缘主体；9—绝缘套管

3. 产品特点及选型

（1）全预制干式终端与户外终端一致，一般与架空线路等户外高压线路相连接。但由于全预制干式终端为柔性结构，结构简单，重量轻的特点，主要用于不便搭建户外终端安装支撑平台的特定场合，可在地面组装完成后再进行吊装固定。

（2）全预制干式终端由于结构本身不具备足够的刚性，长时间运行受重力、风力等影响，可能会发生弯曲，因而在安装时无法参照户外终端仅用底座支撑，一般会采用特定的安装方式进行安装，如图 5-8 所示。

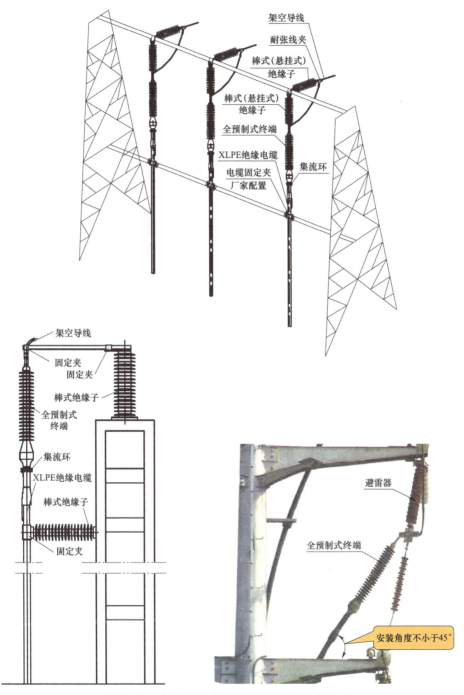

图 5-8　全预制干式终端的三种常见安装方式

（3）可分离连接器是安装在环网柜、电缆分支箱及变压器等电气设备上，用于连接电缆和设备套管的终端类附件，为全绝缘、全屏蔽、全密封式的附件产品，主要应用于 66kV 及以下电压等级的单芯或三芯电缆系统中。目前市场上针对可分离连接器与电气设备上绝缘套管的连接尺寸一般按照 EN 50673—2019、EN 50181—2010 标准的规定，根据参考标准的不同，按照不同载流量，在选型可分离连接器时需同步考虑可分离连接器的接口尺寸。目前多采用的接口形式多为 C 型、E 型和 F 型。

5.2　海底电缆接头

接头用于海底电缆与海底电缆或海底电缆与陆缆之间的连接，同样集密封、应力控制、屏蔽、绝缘、电气连接于一体。按其适用场合的不同，接头可分为工厂接头、修理接头、过渡接头。

5.2.1　工厂接头

工厂接头是指在可控工厂条件下，将两根挤出长度或制造长度的海底电缆连接在一起的接头，其结构如图 5-9 所示。工厂接头一般采用与电缆本体相同的材料和结构及工艺，尺寸比电缆本体略大，其机械性能与电气性能接近或等同于海底电缆本体原有的性能。

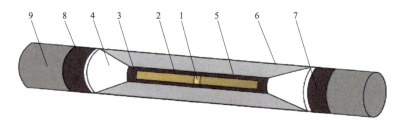

图 5-9　工厂接头结构示意图

1—导体焊接段；2—导体屏蔽恢复层；3—导体屏蔽预留层；4—新旧绝缘界面；5—绝缘恢复层；
6—绝缘屏蔽恢复层；7—绝缘屏蔽预留层；8—铅套、护套恢复层；9—电缆本体

5.2.2　修理接头

修理接头是用在已经铠装电缆之间的接头，通常用于修复损伤的海底电缆或连接两根近海或在厂内的交货长度电缆。修理接头从结构上可分为软接头型

修理接头和刚性修理接头，软接头型修理接头的内部设计类似于工厂接头，外径近似于电缆外径，适用于中等或深海敷设，一般用于修理在运输或安装过程中受到损伤的电缆；刚性修理接头一般为内部采用预制式接头，外部装设有保护壳的结构形式，其具有良好的机械性能和防海水腐蚀性能，可以满足敷设和运行时所受的机械弯曲、机械张力和扭转的要求。刚性修理接头其结构一般由以下六部分组成，如图5-10所示。

（1）预制式接头：起到恢复海底电缆接头部分绝缘和均匀电场作用。

（2）外保护壳：起到防海水腐蚀和机械保护作用，端部设有海底电缆铠装锚固装置。

（3）填充密封胶：一般为双组分，当两种组分的密封胶按一定比例混合后，在较短时间内会发生固化，固定保护外壳体内部组件位置的同时起到一定的防水防腐蚀作用。

（4）弯曲限制器：一般为锥形弹性体铸件，其作用主要是防止修理接头两端海底电缆过度弯曲。

（5）光纤接续盒：实现两端海底电缆之间光纤的连接。

（6）支撑架：支撑并固定外保护壳内的接头。

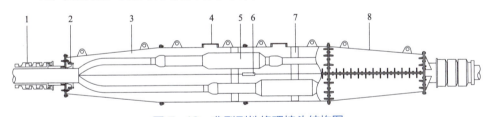

图5-10　典型刚性修理接头结构图

1—弯曲限制器；2—铠装锚固装置；3—填充密封胶；4—灌胶口；5—预制式接头；
6—光纤接续盒；7—支撑架；8—外保护壳

其中，预制式接头按其绝缘结构又可分为整体预制橡胶绝缘件接头和组合预制绝缘件接头，因而刚性修理接头分为整体预制橡胶绝缘件修理接头和组合预制绝缘件修理接头。

整体预制橡胶绝缘件接头主要由如下四部分组成，其结构如图5-11所示。

（1）整体预制橡胶绝缘件：具有恢复海底电缆接头部分的绝缘和均匀电场的作用，一般在工厂中用乙丙橡胶或者硅橡胶高压注射成型。

（2）连接金具：具有连接海底电缆导体的作用。

（3）均压套：具有连接电缆导体与整体预制橡胶绝缘件屏蔽管的作用。

（4）铜保护壳：具有机械保护以及恢复金属屏蔽电气连接的作用。

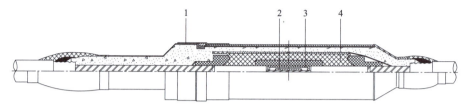

图 5－11　典型整体预制橡胶绝缘件接头结构图

1—铜保护壳；2—连接金具；3—均压套；4—整体预制式橡胶绝缘件

组合预制绝缘件接头主要由如下五部分组成，其结构如图 5－12 所示。

（1）应力锥：具有应力控制和改善电场分布的作用，一般在工厂中用乙丙橡胶或者硅橡胶高压注射成型。

（2）环氧预制式绝缘件：具有恢复海底电缆接头部分的绝缘和机械保护的作用，一般在工厂中用环氧树脂浇铸成型。

（3）连接金具：具有连接海底电缆导体的作用。

（4）弹簧锥托装置：位于应力锥尾部，通过螺栓调整弹簧压缩量，使应力锥表面牢固压在接头主体和电缆上，克服应力锥由于材料老化带来的弹性松弛、应力锥与电缆外半导电层接触不良等隐患，提高绝缘性能。

（5）尾管：具有与电缆金属屏蔽连接及密封的作用。

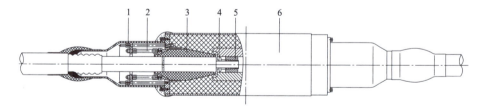

图 5－12　典型组合预制绝缘件接头结构图

1—尾管；2—弹簧锥托装置；3—应力锥；4—止动套；5—连接金具；6—环氧预制绝缘件

5.2.3　过渡接头

过渡接头指连接海底电缆与陆缆的接头，主要连接两根均为挤包绝缘但有设计差异（如导体的截面、结构或材质不同）的电缆。其结构与刚性修理接头基本一致，区别在于过渡接头需考虑其金属屏蔽引出接地，具体接地方式需要根据线路设计确定。

5.2.4　海底电缆接头特点及选型

（1）工厂接头一般用于在工厂内部连接铠装前的半成品电缆。工厂接头是海底电缆的制作难点和故障易发点，应尽可能不设或者少设。

（2）修理接头一般采用刚性修理接头，当用于连接两根同截面、同绝缘材料的电缆时，一般优先选用整体预制橡胶绝缘件修理接头，安装操作相对简单；其他情况下，可优先选用组合预制绝缘件修理接头。

（3）过渡接头用于连接两根同截面、同绝缘材料的电缆时，一般优先选用整体预制橡胶绝缘件过渡接头；其他情况下，可优先选用组合预制绝缘件过渡接头。

（4）过渡接头通常位于海岸线或靠近海岸线。过渡接头根据其安装环境进行设计，当过渡接头位于陆地或者接头电缆井内、无海水浸泡时，按照陆缆接头结构进行设计，其余情况按照海底电缆修理接头结构进行设计，增加外保护壳，但须考虑其金属屏蔽引出接地。

» 5.3　充油海底电缆供油系统设计 «

5.3.1　供油系统在充油电缆中的作用

自容式充油电缆（self contained fluid filled cable）在世界海底电缆工程上的应用已有 100 多年的历史，主要应用在跨海、江、湖等的输电工程中。

绝缘油充满在自容式充油电缆的油道中，油道位于电缆导体内部中间，在电缆运行中，油道、导体及绝缘层都充满了绝缘油，一直到被护套包裹。维持电缆充满绝缘油的包括储油装置、加压装置、必要的油处理装置、相关的控制系统、阀门、仪表、管道及附件等就组成了供油系统。

自容式充油电缆。供油系统的在自容式充油海底电缆中的作用有以下两方面：

（1）供油系统通过压力作用下油的流动来消除温度变化引起的电缆绝缘层胀缩形成的间隙，大大提高电缆工作电场强度。在电缆发热膨胀时，电缆中的油通过油道回流到储油装置；当电缆冷却时，供油系统将油送入电缆，这保证了任何情况下电缆内部都不会形成空隙，所以充油电缆可以运行在比固态电缆高得多的场强下。对于 330kV 及以下充油电缆最大的场强为 9～13kV/mm，500kV 充油电缆为 14～15kV/mm。

（2）在海底电缆损坏发生漏油的事故状态下，供油系统继续保持海底电缆内部适当的油压，阻止外部海水浸入，以免造成海底电缆大范围损坏。且充油海底电缆故障点较易发现，便于及时补救。

5.3.2　供油系统的分类与选型

供油系统按供压形式可分为重力供油箱、压力供油箱、油泵站。

重力供油箱是放在电缆线路中适当高的位置，由位置高度形成的静压力作为电缆的供油压力。

压力供油箱由若干个充有一定压力的二氧化碳气体的封闭弹性组件组装在一个密封的箱体内，弹性组件压缩电缆油而产生油压。

油泵站是通过加压油泵来提供调节所需要的压力。

上述各种供油方式的特点及其适用条件详见表 5-1，可用于供油系统选型。

表 5-1　各种供油方式的特点及其适用条件

供油方式	特点	适用条件
重力供油箱供油	1. 油压稳定； 2. 在有落差的线路上，重力箱供油容量不变	1. 要有可利用的高建筑物或高构架放置油箱； 2. 电缆线路较短（一般 2km 以内）
压力供油箱供油	1. 油压随负荷及环境温度而变化； 2. 供油压 0.1～0.8MPa	1. 无需高构架； 2. 使用重力箱有困难的地方； 3. 电缆线路短（一般 4km 以内）
油泵站供油	1. 油压调节范围大； 2. 供油压力可达 3MPa	1. 电缆线路长； 2. 供油压力变化范围大； 3. 重大的海底电缆工程

实际工程中有一些是两者结合起来供压。一些电压等级较高、长距离的海底电缆工程主要由油泵站进行供油。

供油系统按供压源来分可分为一端供压、两端供压和沿途多点供压三种。电缆长度短、压差小的工程可采用一端供压，在电缆的一端设供油系统，负责向整段电缆供油；电缆长度较长、压差大的工程采用两端供压，在电缆的两端设供油系统，向电缆中间供油；电缆长度相当大或由于电缆路径地理环境等因素需采用沿途多点设置供压系统，向各段电缆供压。

5.3.3　油泵站设计

油泵站是充油海底电缆供油系统应用最广泛的一种类型，本书重点介绍油泵站的组成、设备选型及布置设计。

油泵站位于海底电缆登陆后的海边，与海底电缆终端临近布置，供油管道从终端处进入海底电缆内部，海底电缆两端的油泵站与海底电缆中间的油道一起组成封闭的供油系统。某充油海底电缆工程单端油泵站系统图如图 5 – 13 所示。

1. 组成

油泵站组成主要包括绝缘油罐、真空模块、绝缘油过滤及处理装置、绝缘油泵、液压单元、阀门及管道、控制系统、仪表及附件。

（1）绝缘油罐。绝缘油罐是一个密封的容器，内部储存绝缘油包括膨胀油、剩油、事故油。油罐顶部留有一定的空间，海底电缆由于温度时刻变化产生油的胀缩，因此在该空间产生部分可燃性气体（氢气、乙炔、甲烷等）、部分溶解性气体、一氧化碳、二氧化碳等其他气体。

图 5 – 14 为某工程的卧式油罐立面图。

绝缘油罐配套一般包括但不限于以下附件及仪表：启动平衡油位的仪表、储油罐的油位释放阀、低油位的报警装置、高油位的报警装置。

海底电缆油泵站多采用圆形卧式油罐，材质考虑储存介质一般采用不锈钢。

油罐包括户内式和户外式布置两种，大部分都采用户内式布置，避免受外部环境变化影响油罐内油温，日常维护也更加便利，整体使用寿命更高。

户内式油罐布置在钢筋混凝土集油槽上方，集油槽兼有收集油罐事故漏油的用途。

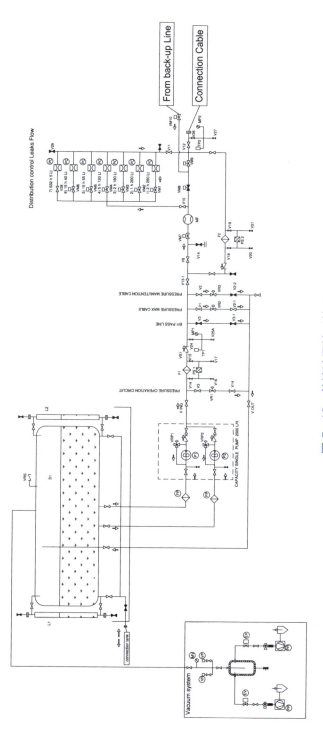

图5-13 单端油泵站系统图

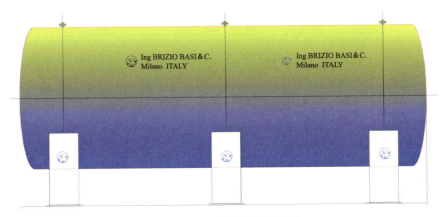

图 5-14 卧式油罐立面图

（2）真空模块。真空模块的作用是维持油罐顶部的真空度位于设定的范围内。如果真空模块不能维持设定的真空度，会向 RTU 发出报警信号，以便及时维修。真空模块一般包括 2 套抽真空装置，每套装置由 1 台真空泵、1 个绝对压力计、1 个电磁阀组成。2 套装置一用一备，可自动切换。

（3）绝缘油泵。绝缘油泵是整个油泵站的核心动力设备，负责向整个系统及海底电缆提供所需的油压压头，以及在紧急油流模式下大流量输送海底电缆油。

适合海底电缆油泵站的绝缘油泵类型为容积式泵。容积式泵在周期性地改变泵腔容积的过程中，以作用和位移的周期性变化将能量传递给被输送液体，使其压力直接升高到所需的压力值后实现输送。海底电缆油泵站输送介质为粘度系数较高的高压电缆绝缘油，压力较高、流量工况多，平时流量很小，事故状态下流量人，容积式泵是适合海底电缆油泵站的较好选择。容积式泵根据运动部件的不同运动方式，可分为往复泵（活塞泵、柱塞泵、隔膜泵等）和旋转泵（螺杆泵、齿轮泵等）两类。

例如中国电压等级最高跨海路径长度最长的南方主网与海南电网第一回工程油泵站油泵类型为柱塞泵，是往复泵的一种；南方主网与海南电网第一回工程油泵站油泵类型是螺杆泵，是旋转泵的一种。

（4）液压单元。液压单元的作用是为绝缘油泵提供动力，是油泵站系统向海底电缆内部注油及稳压的能量来源。液压油罐中的液压油在液压泵的增压作用下，具有一定的液压能并储存在储压器中，之后通过减压阀将其压力降低到绝缘油泵需要的压力范围，并以此推动绝缘油泵进行往复直线动作。

（5）阀门及管道。核心阀门包括流量控制阀、压力控制阀和方向控制阀等，其他阀门包括检修隔断阀门。绝缘油具有腐蚀性，阀门和管道一般采用不锈钢材质。

（6）控制系统。控制系统包括用户界面、正常运行控制、应急油流控制、系统停运设置、报警及远传、备用 UPS 电源等。控制系统采用可编程逻辑控制器（PLC），是油泵站全自动无人值守运行的关键组成部分。

当海底电缆输送负荷增加时，海底电缆膨胀，油压升高，油通过回流管被压回油罐，此时油泵不工作；当海底电缆输送负荷减少时，油压降低，控制系统将启动油泵进行加压。

在海底电缆出现机械故障漏油时，控制系统可以根据系统的油流和压力的变化判断故障的发生，然后自动启动应急油流模块控制漏油量分阶段减小，最终达到一个比较低的稳定水平，保持较低的漏油量等待故障点的查找和修复。国际先进油泵站供货商可以实现控制最终稳定漏油量为 4～5L/h。

报警包括漏油、流量异常、偏离设定值、油罐液位、真空单元故障、液压单元故障、压力报警等。

控制系统根据需要可以配带 UPS 电源，当主电源丧失之后可以提供控制系统一定时间内的正常运行用电。

2. 油泵站布置及辅助设施设计

油泵站主要设备集成后一般包括油罐、油泵组、电控柜及 UPS，设备宜优先采用户内式布置，避免受外部环境变化影响油罐内油温，日常维护也更加便利，整体使用寿命更高，实在无法避免时可以将油罐和油泵组布置在户外，但电控柜和 UPS 需户内布置，同时油罐需考虑可靠的遮阳挡雨及抗台风设施。国际工程上绝大大多采用的是户内式布置，下面就户内式布置方式，说明土建、运输及附属设施的配套设计。

（1）建筑物及运输。油罐、油泵组、电控柜及 UPS 布置在油泵房内，油泵房采用钢筋混净土结构，单层。油泵房内典型布置参如图 5－15、图 5－16 所示。

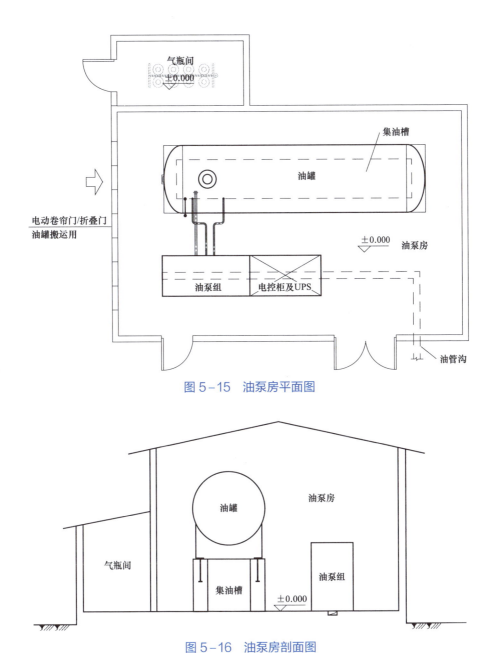

图 5-15 油泵房平面图

图 5-16 油泵房剖面图

　　为满足油罐运输，油泵房设置全开式电动卷帘门或折叠门。油管沟内敷设从油泵站至海底电缆终端的供油系统管道。气瓶间内存放气体灭火剂瓶组。

（2）辅助设施。为满足油罐、电控柜及 UPS 的长期稳定运行，油泵房设置空调系统，维持室内温度为 15～28℃，其中空调采用防爆式空调。

油泵房设置机械通风系统，用于检修通风及事故后通风，通风设备一般采用防爆式轴流风机。

油泵房内由于火灾危险性和重要性，国内外工程均设置固定灭火系统，通常采用洁净气体灭火系统。例如全淹没管网系统，喷头均匀布置在泵房顶部，与火灾探测器联动，可实现对油泵房内的火炭探测及灭火保护；系统具有自动、远程手动、就地应急启动等控制方式。考虑到有人员就地巡视和维护，气体灭火剂推荐采用七氟丙烷（FM200）或全氟乙酮，不建议采用二氧化碳。

油泵站属于海底电缆附件，为生产性设备，油泵站应采用双电源供电，在一路电源故障时可自动切换至备用电源供电，同时油泵站控制系统应配置 UPS 电源。

5.3.4　供油系统主要参数计算

供油系统主要参数包括油压和储油量。

1. 油压

（1）油压设计原则。海底电缆中任何一点的油压（包括暂态和静态）应大于该处海底电缆外部的海水压力。

（2）静油压。海底电缆中任意一点由于高差引起的静油压差为：

$$\Delta P_1 = g \cdot \delta_{\text{oil}} \cdot \Delta H \tag{5.1}$$

式中　ΔP_1——两点之间的静油压差，Pa；

g——重力加速度，m³/（m・s）；

δ_{oil}——绝缘油密度，kg/m³；

ΔH——两点之间的高差，m。

（3）暂态油压。当电缆中传输容量增加或减少时，会引起油在电缆油道中流动，而产生离油泵站处远近的压力变化不一样。这种压力差是由于热暂态而引起的，称为暂态压力。

根据 Electra N° 89 中"Transient pressure variations in submarine cables of the self-contained oil-filled type"计算公式，距离为 x 处的暂态油压变化值为：

$$\Delta P_2 = \frac{1}{2} A \cdot B \cdot (2Lx - x^2) \tag{5.2}$$

式中　ΔP_2——暂态压降，Pa；

　　　A——需油率，$m^3/(m \cdot s)$；

　　　B——油流阻力系数，$N \cdot s/m^3$；

　　　L——供油区间长度的一半，m；

　　　x——至最近一端油泵站的距离，m。

暂态油压计算示意如图5–17所示。

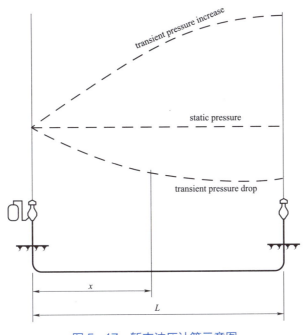

图5–17　暂态油压计算示意图

由式（5.2）可知，当$x = L$时，ΔP_2有最大值，为：

$$\Delta P_{2(\max)} = \frac{1}{2} ABL^2 \tag{5.3}$$

A、B取值的决定因素是电缆的导体截面、油道直径、敷设方式（海底）、电压等级，以及电缆本身的特性，由海底电缆供货商提供。

2. 储油量

储油量包括两个部分：

（1）正常状态下电缆涨缩的需油量。这包括电缆、终端、油管路、储油罐由安装时的环境温度升至环境最高温度及满负荷运行后引起的油的膨胀量。

绝缘油的膨胀量 ΔV_v（variation）为：

$$\Delta V_v = \left[\Delta\theta_c (e_o V_o + e_c V_c + e_{sp} V_{sp}) + e_i V_i \left(\frac{\Delta\theta_s D_i^2 - \Delta\theta_c D_c^2}{D_i^2 \ D_c^2} + \frac{\Delta\theta_c - \Delta\theta_s}{2\ln\frac{D_i}{D_c}} \right) - \Delta\theta_s e_s V_s \right] \times l$$

（5.4）

式中 e_o、e_c、e_{sp}、e_i、e_s——绝缘油、导体、油道螺旋支撑管、纸绝缘及铅护套的体积膨胀系数，1/℃；

$\Delta\theta_c$、$\Delta\theta_s$——导体、铅护套满负荷时的静态温升，℃；

V_o、V_c、V_{sp}、V_i、V_s——每 cm 电缆内绝缘油、导体、螺旋管、纸绝缘及铅护套的体积，cm³；

D_i、D_c——电缆纸绝缘、导体的外径，cm；

l——每相电缆的长度，cm。

（2）事故漏油量 ΔV_l（leakage）。在事故状态下电缆发生漏油到进行维修之前要持续保证电缆向外漏油，因此事故漏油量的计算取决于工程事故设计工况，包括同时考虑事故漏油的海底电缆数量以及故障点查找和修复的时间。

当然，如果计算值特别大，事故漏油量无法全部储存在绝缘油罐，也可以采用储存其中一部分，同时配备滤油机和备用绝缘油，在发生事故后及时对绝缘油罐进行补油。

5.3.5 事故漏油状态的供油系统

通常可能导致海底电缆发生事故漏油的原因有登陆段外力破坏、船只抛锚机械拉拽、海床变化及洋流或其他特殊因素等。

当海底电缆发生事故漏油时，供油系统的作用有以下三个方面，在供油系统设计时应统筹考虑事故漏油工况。

（1）持续维持油流和压力，确保海底电缆始终向外保持漏油，防止海水浸入海底电缆内部，直到故障修复完毕。

（2）合理调节压力设定，以降低漏油量，一方面减少对海洋的废液排放，另一方面维持绝缘油罐内储油可以使用更长的时间。

（3）利用供油系统流量、压力变化数据，分析和估算故障点位置，用于辅助故障点的定位和排查。

供油系统用于故障漏油点定位计算如图5－18所示。

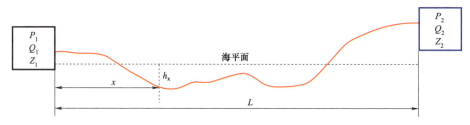

图5－18　供油系统用于故障漏油点定位计算简图

6

海底电缆敷设与保护方式设计

同陆上缆线相比，海底电缆运行风险比较大，失效概率也更高。作用在海底缆线上的环境荷载不同于陆上电缆。虽然铺设在海底的缆线可免受暴风雨、盐雾、覆冰等不利因素的威胁。但是更容易受到波浪、水流、潮汐以及腐蚀等作用，同时又可能面临船锚、平台或船舶掉落物、渔网等撞击拖挂危险。在海上敷缆时，不适当的施工操作，很容易使缆线内部结构遭受损伤，降低可用性，并可能产生高昂的修复成本。因此海底电缆敷设的关键是基于施工作业的条件限制，将海底电缆安全敷设在海床上并采取有效措施进行保护。海底电缆敷设时除了满足张力要求外，还要保证在强大的水流或海底缆线自由悬挂部分的受力等极端条件下，海底缆线能够正常工作。海底电缆在服役期间易受渔锚损坏、腐蚀、涡激振动，需要根据路由环境选择合适的保护方式。

▶ 6.1 海底电缆敷设及荷载计算 ◀

近年来随着中国近海大陆架海底油田和天然气的开采，以及逐渐发展起来的海上风电场建设工程，海底缆线敷设研究作为关键性技术支撑，其完善的理论研究日益迫切。

为有效避免在敷设过程中可能出现的故障，确保海底缆线敷设施工的正常进行，为海底缆线敷设作业提供安全可靠的技术指导，本章针对海底缆线在敷设过程中的运动特性和受力情况进行理论分析，建立海底缆线张力计算模型，分析海底电缆张力状态。通过数值模拟，研究海底电缆张力与各个外界因素之间的关系。同时，结合具体工程应用实例，详细讨论了各关键参数对海底缆线敷设作业的影响作用。

6.1.1　海底电缆敷设

海底电缆的敷设施工是指将海底电缆布放、安装在设定的路由上，以形成海底电缆线路的过程。海底电缆敷设前需要综合考虑路由环境、相关方影响、水文气象条件。敷设设备一般为专用海底电缆敷设系统。海底电缆敷设施工涉及水上和水下作业，技术难度大、风险高，对敷设人员的技术水平要求较高。

海底电缆的敷设常因跨越水域不同，敷设方法差异较大。敷设应选用最佳敷设方法及相应装备，以满足具体工程的设计要求。目前，自世界第一条海底电缆敷设成功已有近 150 年的历史。至今，海底电缆的敷设技术主要经过 3 个发展阶段：

（1）第一阶段，是采用木制或铁制的船舶，将海底电缆装载在船上，并以风帆和蒸汽涡轮作为动力，罗盘作为导航设备，将海底电缆直接抛敷在海床上。

（2）第二阶段，是采用具有专用工具的铁制或钢制船舶，并在船的甲板上安装了敷设海底电缆专用的鼓轮装置，把海底电缆盘绕在鼓轮上，然后将海底电缆直接抛敷到海床上。

（3）第三阶段，是采用钢制的海底电缆专用敷设船，应用拖曳式埋设装置、自行式埋设装置，将海底电缆埋设在海床下。

现阶段海底电缆敷设方式主要有边敷边埋和先敷后埋。海底电缆敷设过程中，利用海底电缆敷设船上可旋转的海底电缆托盘，将托盘上的海底电缆依靠布缆机牵引通过过缆桥、滚轮装置、线缆入水槽至埋设机，埋设过程中控制托盘、布缆机、埋设机速度同步。海底电缆敷设工艺流程如图 6-1 所示。

在敷设过程中，海底电缆敷设船随着电缆路由移动，同时进行海底电缆放线，将海底电缆敷设在海床上，海底电缆在张力控制下进行放线，电缆并非是垂直地往下放入水中，在张力控制作用下海底电缆形成一条从敷设滑轮到海底触地点的正确的悬链线。海底电缆从海底电缆船至海床上敷设过程中，需对其受力情况进行计算分析，确保敷设过程中所受的纵向拉力、横向切力、弯曲半径和点位疲劳等关键因素，需建模分析确保各项参数在海底电缆许可范围内。

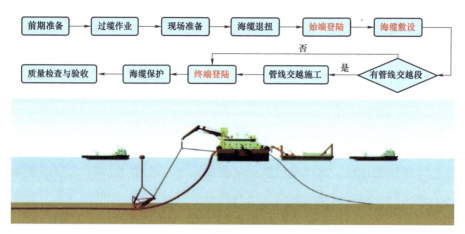

```
前期准备 → 过缆作业 → 现场准备 → 海缆退扭 → 始端登陆 → 海缆敷设
                                                                    ↓
质量检查与验收 ← 海缆保护 ← 终端登陆 ← 管线交越施工 ←─是─ 有管线交越段
                                          否
```

图 6-1　海底电缆敷设工艺流程

6.1.2　海底电缆敷设受力载荷计算

海底电缆自转动电缆盘至入水槽段为可视的，其受力情况可同步布缆机实时监控，一般情况下，布缆机最大牵引和制动力小于海底电缆可承受的最大拉力，故海底电缆敷设过程重点是监控水中段海底电缆的敷设受力，且这段海底电缆的受力为隐蔽部分，不可视。

海底电缆从海底电缆施工船至海床上，这段海底电缆可视同"悬链线"，确保海底电缆弯曲不能小于其最小弯曲半径，受到的纵向拉力和横向切力满足海底电缆最大许可技术要求。

海底电缆敷设如图 6-2 所示。水面以上海底电缆输导如图 6-3 所示。水面以下海底电缆敷设如图 6-4 所示。

图 6-2　海底电缆敷设示意图

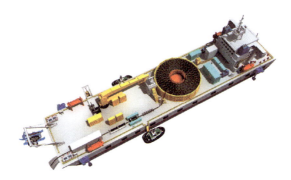

图6-3 水面以上海底电缆输导示意图

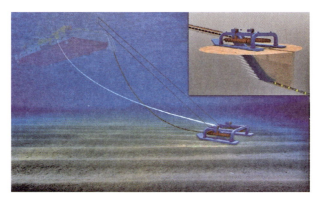

图6-4 水面以下海底电缆敷设示意

1. 海底电缆悬链线计算

当电缆敷设船在平静海面上以恒定速度经过平坦的海底时,电缆按悬链线从敷设滑轮的放线点下垂至海底的触地点。实际上,必须做一些简化而成为悬链线:① 电缆无弯曲刚度;② 电缆移动入水时不受任何拉力;③ 电缆的单位长度重量均匀相同。

除在很浅的水中,海底电缆的弯曲刚度大多数情况下可以忽略。电缆敷设速度很慢时,施加于电缆上的拉力也可以忽略。

按图6-5的坐标,悬链线可以下式表示:

$$y = a \cosh\left(\frac{x}{a}\right) \tag{6.1}$$

式中 a——悬链参数。

电缆悬链线在敷设船下面情况如图6-5所示。电缆在敷设船下的悬链曲线如图6-6所示。

要注意,海底不在 $y=0$ 处,而在纵坐标 $y=a$ 处。由式(6.2)求导得出角 ϕ 为:

$$\cos\phi = \frac{\partial y}{\partial x} = \sinh\left(\frac{x}{a}\right) \tag{6.2}$$

电缆离敷设滑轮点的坐标为 $x=L$ 和 $y=H+a$。从式(6.1)得出:

$$y = H + a = a\cosh\left(\frac{L}{a}\right) \tag{6.3}$$

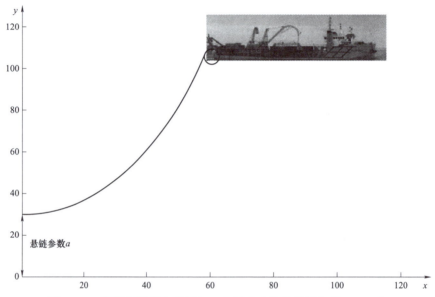

图 6-5 电缆悬链线在敷设船下面情况(此处悬链参数 $a=30$)

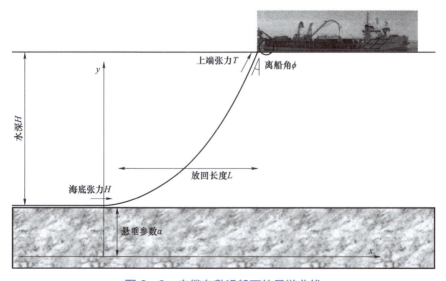

图 6-6 电缆在敷设船下的悬链曲线

在同一处的曲线倾斜度等于离船角 ϕ。敷设电缆时，可以监视离船角 ϕ，水深 H 为已知。以下从已知值计算所有相关的实用数值，从式（6.3）得出：

$$\cos\phi = \sinh\left(\frac{L}{a}\right) \quad 或 \quad \frac{L}{a} = \text{arcsin}\,h(\cos\phi) \tag{6.4}$$

此式意为 L/a 能从观察到的离船角求出。将 L/a 代入式（6.3），求出 a 为：

$$a = \frac{H}{\cosh\left(\dfrac{L}{a}\right) - 1} \tag{6.5}$$

现计算悬链参数 a，并继续计算其他的重要的实用值：

$$T_0 = wa \tag{6.6}$$

其中 T_0 是海底张力，w 是电缆每公尺水中重量。从式（6.4）计算放回长度 L，得悬挂电缆总长度 s（从滑轮至触地点）为：

$$s = a\sinh\frac{L}{a} \tag{6.7}$$

重要的上端张力为：

$$T = \sqrt{T_0^2 + w^2 s^2} \tag{6.8}$$

最后，在触地点的弯曲半径为：

$$R_0 = a\cosh^2\frac{L}{a} \tag{6.9}$$

2. 速度控制

由于海底电缆在敷设过程中是有计划有规律的作业过程，应该加以控制。装载在布缆船上的海底电缆，在张力的驱使下敷入水中，其过程与张力性质及大小、船速、布缆设备运转有关，也就是说，海底电缆的敷设影响着布缆船及设备的运转。而目前国内布缆船的敷设操作还是靠经验和人工操作为主，因此，探讨海底电缆敷设规律实属必要。

平面退扭方式恰好解决高度退扭的问题，可实现转动电缆盘、布缆机和海上作业平台的协调一致，且能根据张力或速度进行控制，自动化程度高，使电缆状态时刻处于最佳范围内，保障海底电缆过驳和敷设施工质量。

3. 海底电缆布放基本情况分析

（1）海底电缆布放正负张力。海底电缆布放时，其驱动力可认为是海底电缆离船入水的拉力，这是一种外力，决定了海底电缆的运动状况。为叙述方便，在本文中称之为"正张力";而阻止海底电缆下滑的阻力,可以称为"负张力"。正张力有海底电缆在水中的重量、海底电缆落地地点张力等;阻力性质的负张力则有海底电缆入水运动时所受的水流体阻力、海底电缆通过海底电缆通道(滑轮、滑道、滑槽)上的摩擦阻力、海底电缆从缆盘中提起时的升力。布缆机施加在海底电缆上的作用力一般是负张力,而当海域水深很浅,并且落地点张力很小时它是正张力。受力示意如图6-7所示,其中,$F_{0,1,2,3,4,5,6}$ 分别为辅助检测装置安装带来的阻力、滑道阻力、制动器阻力、布缆机制动力、弧形滑道阻力、缆盘内悬空段自重、海底电缆拉升阻力;F_W 为水流体阻力;V_K 为船对地航速;V_B 为海底电缆放出速度;V_P 海底电缆入水合成速度;T_0 为海底落地点的张力;T_s 为海底电缆悬挂点的张力;T_3 为布缆机的拉缆力。

正张力和负张力的此消彼长,可能出现三种状况。如果正张力大于负张力,海底电缆将加速从船上流出,如不加控制,大量的海底电缆放出,可能造成海底电缆在海底堆积;如果负张力大于正张力,海底电缆将无法运动而布放停止,此时要通过布缆机(其实质是一种绞车)将海底电缆从船上拉出,布缆机拉海底电缆,等于增加了正张力;第三种状况是正张力等于负张力,海底电缆将可匀速布放,这是我们需要的作业情况。因此要达到匀速布缆,理论上海底电缆中张力之和应为0,即 $\sum T$ 正 $+ \sum T$ 负 $= 0$。

上述参数中,海底电缆重量由水深和海底电缆品种决定。设备和通道的摩擦阻力由海底电缆品种和设备/通道的结构和尺度所确定,对某一已定系统和海底电缆而言,该项可视为常量。布缆机所施加的拉力视海底电缆中张力合力性质和量值而定,这是一个可以控制的参数。另一可控制的参数是制动器所施加的制动力。

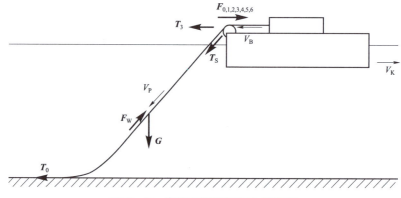

图6-7　海底电缆敷设受力示意图

（2）余量敷缆和张力敷缆。在实际布缆作业中，有两种操作方法，即余量敷缆和张力敷缆。余量敷缆是一种控制速度的敷缆方法，以船对地航速 V_K 对比控制布缆机的运转速度，使海底电缆放出速度 V_B 略大于 V_K。余量敷缆的特征为：海底电缆是从船上"流"出来的。如果敷缆余量 $(V_B-V_K)/V_K$ 保持为所需定值，则此作业可称为定余量敷缆。一般而言，余量敷缆时海底电缆落地点张力为 0，也就是说，除了影响海底电缆布放运动的力之外，海底电缆没有受到"张紧"的外力，海底电缆是以松弛的、自然的状态沉入海底。这种状况也可称为自由（匀速）入水。

张力敷缆是一种控制海底电缆中张力的布缆方法。张力敷缆的特征为：海底电缆是从船上"抽"出来的，海底电缆运动速度等于船速，没有布放余量。这种作业的特点可从海底电缆落地点张力 T_D 的性质来说明。落地点张力会拖海底电缆入水，是一种正张力。如果 $T_D=0$，即正张力正好等于负张力，海底电缆将匀速自由入水，这是一种理想的状况。当 $T_D>0$，说明拖海底电缆入水的正张力之和大于阻止海底电缆入水的负张力之和，应加入制动力（布缆机被拉制动或制动器制动）使之平衡，否则会失控。按施工的经验，对于不同的布缆系统、不同的海底电缆，要达到上述两种状况的先决条件是一定的水深。在水深较浅时，正张力小于负张力，阻力过大，海底电缆不能被布放入水，需用布缆机运转，将海底电缆拉出送入水中。在作业中如果通过对布缆机和制动器的控制，使 $T_D>0$ 并保持常量，则此种作业称为定张力布缆。

根据经验，落地点张力是张力敷缆所必需的，但选择落地点张力（实际操作时是选择布缆设备的拉力或制动力）要合适，太低可能失控，太高则会造成如下不良影响：① 海底电缆张紧力在海底有沟壑时会使一段海底电缆悬空，而悬挂点易磨损，悬空段易被渔捞工具钩住；② 海底电缆张紧力在埋设转向或不平地段时会使海底电缆"拗"出沟外；③ 张紧力使海底电缆处于应力腐蚀状态而加快腐蚀速度。由于落地点定张力 T_D 无法测量，海底电缆中张力的测量点是测力计，因此要探讨并计算海底电缆各点张力之间的关系，以达到合理地布缆控制。

4. 海底电缆敷设运动分析

（1）海底电缆自由入水运动方程。在余量敷缆时，海底电缆以 V_B 匀速入水时，受到水的切向流体阻力，并且由于船在行驶，海底电缆同时还受到法向流体阻力。海底电缆在阻力的作用下在水中呈倾斜直线，倾斜角即入水角设为 α，海底电缆与垂直面夹角设为β，则$\alpha + \beta = 90°$。海底电缆自由入水受力模式如图6-8所示。

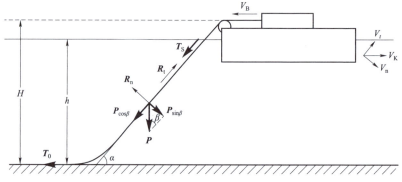

图6-8 海底电缆自由入水受力模式图

取水中海底电缆微分段，分析力平衡。设船速（海底电缆随同）为V_K，电缆实际流出速度为V_B。则微分段法向速度分量V_n为：

$$V_n = V_K \cdot \cos \beta \tag{6.10}$$

切向（Y向）合成速度V_P为：

$$V_P = V_B - V_K \cdot \sin \beta \tag{6.11}$$

令P为单位长海底电缆在水中的重量，R为单位长海底电缆在水中的阻力，有下列方程组：

$$\begin{gathered} dP \cdot \sin \beta - dR_n = 0 \\ dP \cdot \cos \beta + T_S - (T_S + \Delta T_S) - dR_t = 0 \end{gathered} \tag{6.12}$$

其中：

$$dP = P \cdot dL = \frac{P \cdot dh}{\cos \beta} = \frac{P \cdot dh}{\sin \alpha} ; \quad dL = \frac{dh}{\cos \beta}$$

法向流体阻力dR_n即液体流经（海底电缆）圆形截面长物体的拖曳阻力，可适用莫里逊算式，微分段的法向流体阻力为：

$$dR_n = \frac{1}{2} C_D \cdot \rho \cdot D \cdot V_n^2 \cdot dL = \frac{1}{2} C_D \cdot \rho \cdot D \cdot V_n^2 \cdot \frac{dh}{\cos \beta} \tag{6.13}$$

式中　ρ——流体密度；

C_D——拖曳阻力系数；

D——海底电缆外径；

h——水深。

切向流体阻力类似于平行流体方向的物体在流体中运动时所受之摩擦阻力，微分段的切向流体阻力为：

$$dR_t = \frac{1}{2} C_t \cdot \rho \cdot dS \cdot V_P^2 \qquad (6.14)$$

$$dS = \pi \cdot D \cdot dL = \pi \cdot D \cdot \frac{dh}{\cos \beta} \qquad (6.15)$$

式中 C_t——摩擦阻力系数。

其中，dS 为浸水海底电缆微分段的湿面积，代入式（6.14），得出下列海底电缆运动及受力微分方程：

$$\frac{P \cdot dh}{\cos \beta} \cdot \sin \beta = \frac{1}{2} C_D \cdot \rho \cdot D \cdot V_n^2 \cdot \frac{dh}{\cos \beta} \qquad (6.16)$$

$$\frac{P \cdot dh}{\cos \beta} \cdot \cos \beta - \Delta T_S - \frac{1}{2} C_t \cdot \rho \pi \cdot D \cdot \frac{dh}{\cos \beta} (V_B - V_K \cdot \sin \beta)^2 = 0 \qquad (6.17)$$

经数学运算，可得到下列 $\sin \beta$ 和 ΔT_S 的表达式：

$$\frac{1}{2} \rho C_D \cdot D \cdot V_K^2 \cdot \sin^2 \beta + P \cdot \sin \beta - \frac{1}{2} \rho C_D \cdot D \cdot V_K^2 = 0 \qquad (6.18)$$

$$\Delta T_S = P \cdot dh - \frac{1}{2} C_t \cdot \rho \pi \cdot D \cdot \frac{dh}{\cos \beta} (V_B - V_K \cdot \sin \beta)^2 \qquad (6.19)$$

解式（6.18）的一元两次方程，并略去无实际意义的负根，可得到：

$$\sin \beta = \frac{-P}{\rho C_D \cdot D \cdot V_K^2} + \sqrt{\left(\frac{P}{\rho C_D \cdot D \cdot V_K^2}\right)^2 + 1} \qquad (6.20)$$

因 $\alpha = 90° - \beta$，则 $\cos \alpha = \sin \beta$。

从上式可知，海底电缆线斜角只与船速有关，当船速确定时 α 是一常数，斜率也是常数，因此证明，在此工况中海底电缆线为线性方程。

将式（6.19）化简，得到：

$$\Delta T_S = dh \left[P - \frac{1}{2} C_t \cdot \rho \pi \cdot D \frac{1}{\cos \beta} \cdot (V_B - V_K \cdot \sin \beta)^2 \right] \qquad (6.21)$$

注意到对某一布缆系统在确定的 V_B、V_k 中的敷缆而言，上式括号内的参数均为常数，所以该微分方程的特解是从 $0 \sim h$ 的定积分，其物理意义是从海底到悬挂点这段长度海底电缆的张力增量，也就是海底电缆悬挂点的张力：

$$T_s = \int_0^h dh \left[P - \frac{1}{2} C_t \cdot \rho \pi \cdot D \frac{1}{\cos\beta} \cdot (V_B - V_K \cdot \sin\beta)^2 \right]$$

$$T_s = h \left[P - \frac{\frac{1}{2}\rho\pi C_t \cdot D \cdot V_K^2 \left(\dfrac{V_B}{V_K} - \cos\alpha \right)^2}{\sin\alpha} \right] \qquad (6.22)$$

式中　ρ——流体密度；

$\quad\quad C_D$——拖曳阻力系数；

$\quad\quad C_t$——摩擦阻力系数；

$\quad\quad D$——海底电缆外径；

$\quad\quad h$——水深。

上式中，忽略了从悬挂点 S 到入水点这一段海底电缆在空气中的重量和空气阻力对海底电缆中张力的影响。由于空气阻力极小，可以不计。如果计入该段海底电缆空气中重量的因素，则式（6.22）可变为：

$$T_S = h \left[P - \frac{\frac{1}{2}\rho\pi C_t \cdot D \cdot V_K^2 \left(\dfrac{V_B}{V_K} \cdot \cos\alpha \right)^2}{\sin\alpha} \right] + h_1 p_1 \qquad (6.23)$$

式中　h_1——悬挂点 S 到至水面的距离；

$\quad\quad p_1$——单位长度海底电缆在空气中重量。

张力敷缆时，保持有一定的落地点张力 T_D，使海底电缆落地后处于绷紧状态，其运动分析仍可与余量敷缆分析相同。但在 T_S 积分时，应考虑边界条件 $h=0$、$T_S = T_D$，并且 $V_B = V_k$，则式（6.23）变为：

$$T_s = h \left[P - \frac{\frac{1}{2}\rho\pi C_t \cdot D \cdot V_K^2 (1-\cos\alpha)^2}{\sin\alpha} \right] + T_D \qquad (6.24)$$

分析式（6.23）、式（6.24）可知，对海底电缆中张力（正张力）影响最大的因素是水深和海底电缆水中重量，括号内后一项的数值比 P 值小得多，且船速越低，数值越小。因而在估算时可以忽略。海底电缆悬挂点 S 至水底的距离 $H = h + h_1$，而 $h_1 \ll h$（在深水时更甚），因而在估算 T_S 时可近似地取 $T_S \approx H \cdot P + T_D$（张力敷缆），如自由入水的余量敷缆，$T_D = 0$，则 $T_S \approx H_P$。

（2）敷缆暂停时的张力。在敷缆过程中暂停（V_K、V_B 为 0）时，如不考虑伸长变形，海底电缆可视为受重力浮力作用的悬链线。现简要分析其张力。海底电缆微元受力示意如图 6–9 所示。

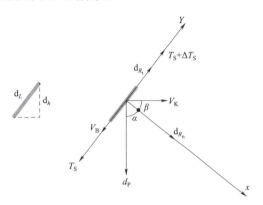

图 6–9　海底电缆微元受力示意图

一般地，根据图 6–9 列出悬链线在下列坐标中的函数式为：

$$y = a \cdot \cosh\left(\frac{x}{a}\right) \qquad L = a \cdot \sinh\left(\frac{x}{a}\right) \tag{6.25}$$

式中　a——悬链线特性常数；

　　　L——悬链线 oa 之间的弧长。

取海底电缆落地点为原点，如图 6–10 所示。悬链线原点 D 点的坐标为：

$$x_D = 0$$

$$y_D = a \cdot \cosh\left(\frac{o}{a}\right) = a \tag{6.26}$$

则悬链线函数式可表为：

$$y' = y - y_D = a \cdot \cosh\left(\frac{x}{a}\right) - a = a\left[\cosh\left(\frac{x}{a}\right) - 1\right] \tag{6.27}$$

设海底电缆悬挂点 a 点坐标为 $y = H$，$x = S$，代入悬链线方程式，得：

$$H = a \cdot \left[\cosh\left(\frac{S}{a}\right) - 1\right] \tag{6.28}$$

海底电缆入水悬链线坐标如图 6–11 所示。设 G 为入水的海底电缆总重量，T_S 为海底电缆悬挂点 a 点的张力；T_{SX}、T_{SY} 为其在 x、y 轴之分力，T_D 为海底电缆落地端的张力；a 为入水角，则：

$$T_S = \sqrt{T_{SX}^2 + T_{SY}^2}$$

$$G = L \cdot P \tan\alpha = T_{SY} / T_{SX} \tag{6.29}$$

因 $\tan\alpha$ 又可视为悬链线在 a 点的斜率，即悬链线函数的微分，所以：

$$\tan\alpha = \frac{\mathrm{d}y}{\mathrm{d}x} = a \cdot \sinh\left(\frac{x}{a}\right) \cdot \frac{1}{a} = \sinh\left(\frac{x}{a}\right) \tag{6.30}$$

海底电缆受力平衡方程：

$$T_{SX} - T_D = 0 \tag{6.31}$$

$$T_{SY} - G = 0 \tag{6.32}$$

由上两式得到：

$$T_{SY} = G = L \cdot P = a \cdot \sinh\left(\frac{S}{a}\right) \cdot P ; \quad T_{SX} = T_D \tag{6.33}$$

因为：

$$\tan\alpha = \frac{T_{SY}}{T_{SX}} = \sinh\left(\frac{S}{a}\right)$$

则：

$$\sinh\left(\frac{S}{a}\right) = \frac{a \cdot \sinh\left(\dfrac{S}{a}\right) \cdot P}{T_D} \tag{6.34}$$

$$a = \frac{T_D}{P}$$

代入，得：

$$H = \frac{T_D}{P} \cdot \cosh\left(\frac{S \cdot P}{T_D} - 1\right) \tag{6.35}$$

化简得：

$$S = \frac{T_D}{P}\left[Ar\cosh\left(\frac{H \cdot P}{T_D}\right) + 1 \right]$$

$$L = \frac{T_D}{P}\sinh\left[Ar\cosh\left(\frac{H \cdot P}{T_D}\right) + 1 \right] \tag{6.36}$$

代入海底电缆受力平衡方程运算、化简，可得到：

$$T_S = H \cdot P + T_D \tag{6.37}$$

入水角：

$$\tan\alpha = \sinh\left[Ar\cosh\left(\frac{H \cdot P}{T_D}\right) + 1 \right] \tag{6.38}$$

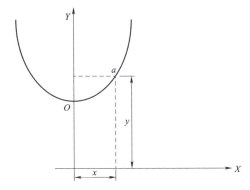

图 6-10 悬链线坐标系

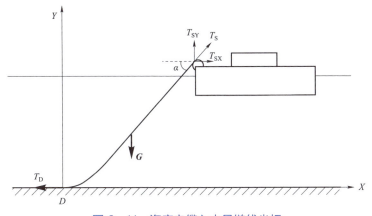

图 6-11 海底电缆入水悬链线坐标

以上算式中 H 为悬挂点之纵坐标，即水深+悬挂点距水面距离，当水深较大时，可视作水深；S 为海底电缆着地点至悬挂点的水平距离。式（6.37）表达的悬挂点张力计算式与敷缆时该点张力近似算式相同。比较式可以看出，敷缆暂停时张力最大；敷缆时由于水流体阻力的作用，张力会减小，船速越高，张力减量越大。

5. 海底电缆布放中的阻力

前已述及，布缆系统中的阻力是阻止海底电缆布放的负张力，就其性质分主要有三种：平面与海底电缆的摩擦阻力（如滑槽、滑道、制动器等），弧形面与海底电缆的摩擦阻力（如滑轮、弧形滑道、鼓轮等）和海底电缆的提升力。

（1）平面与海底电缆的摩擦阻力为：

$$F_1 = f \cdot P_1 \cdot l_1 \tag{6.39}$$

$$F_1' = f \cdot (P_1 \cdot l_1 + N) \tag{6.40}$$

式中 f——摩擦系数；

P_1——单位长度海底电缆重量；

l_1——滑道与海底电缆的接触长度；

N——附加的正压力（如制动器）。

（2）弧形面与海底电缆的摩擦阻力。海底电缆在弧形面物体上滑动式卷绕时，其进出端张力由于摩擦会有变化，其增量就可视作弧形面之摩擦阻力。一般可作如下分析：设海底电缆绕过半径为 R 的弧形表面，包角为 a。弧形面摩擦阻力如图 6-12 所示。取微分段 ab，分析受力平衡：

$$\frac{\Delta F}{\Delta \theta} \cdot \cos \frac{\Delta \theta}{2} = f\left(F + \frac{\Delta F}{2}\right) \frac{\sin \frac{\Delta \theta}{2}}{\frac{\Delta \theta}{2}} \qquad (6.41)$$

$$\Delta N - \left[(F + \Delta F)\sin \frac{\Delta \theta}{2} + F \cdot \sin \frac{\Delta \theta}{2}\right] = 0 \qquad (6.42)$$

式中　ΔN——微分段弧形表面反作用力；

ΔF——在ΔN作用下，微分段弧形表面摩擦力。

因$\Delta F = \Delta N \cdot f$，代入：

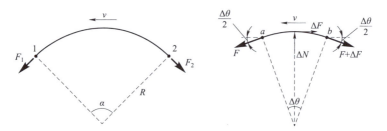

图 6-12　弧形面摩擦阻力

$$(F + \Delta F)\cos \frac{\Delta \theta}{2} - \left(F \cdot \cos \frac{\Delta \theta}{2} + \Delta N \cdot f\right) = 0 \qquad (6.43)$$

$$\Delta N - \left[(F + \Delta F)\sin \frac{\Delta \theta}{2} + F \cdot \sin \frac{\Delta \theta}{2}\right] = 0 \qquad (6.44)$$

解此方程：

$$\frac{\Delta F}{\Delta \theta} \cdot \cos \frac{\Delta \theta}{2} = f\left(F + \frac{\Delta F}{2}\right) \frac{\sin \frac{\Delta \theta}{2}}{\frac{\Delta \theta}{2}} \qquad (6.45)$$

当 $\Delta \theta \to 0$ 时，$\Delta F \to 0$，$\cos(\Delta \theta /2) \to 1$，$\sin(\Delta \theta /2) = \Delta \theta /2$。

所以：

$$\frac{\mathrm{d}F}{\mathrm{d}\theta} = f \cdot F$$

分离变数后积分：

$$\int_1^2 \frac{\mathrm{d}F}{F} = \int_0^\alpha f\,\mathrm{d}\theta$$

$$\ln\frac{F_2}{F_1} = f\alpha$$

即

$$\frac{F_2}{F_1} = e^{f\alpha} \tag{6.46}$$

式中　F——海底电缆中张力；

　　　f——摩擦系数。

当弧形表面包角 α 很小时，式（6.39）中指数函数可按麦克劳林级数展开并舍去高阶项。得到简化算式：

$$F_2 = F_1 \cdot e^{f\alpha} = F_1\left[1 + f\alpha + \frac{(f\alpha)^2}{2!} + \frac{(f\alpha)^3}{3!} + \cdots\right] = F_1(1 + f\alpha) \tag{6.47}$$

（3）海底电缆提升的阻力。海底电缆从电缆舱到舱口滑道之间是一段提升，静止悬挂时，海底电缆中张力增量应为：

$$F_3 = h_3 \cdot P_1 \tag{6.48}$$

式中　h_3——提升高度。

海底电缆向上提升运动时，还受到空气流体阻力作用，但空气密度 ρ，仅为水密度的 1/1000，完全可略去。

（4）敷缆过程中的调节参数。匀速敷缆的条件是海底电缆中的张力平衡，即 $\sum T$ 正 $+ \sum T$ 负 $= 0$。

上述对各种正负张力的分析表明，影响的因素是：①敷缆路径的水深；②敷设海底电缆的品种，其实质是该品种电缆的重量和水下重量；③布缆系统中的阻力。

对某一艘布缆船的布缆系统，在敷设某一种海底电缆时，系统阻力是一个常量，但其中布缆机和制动器的动力和阻力是预留的调节参数，因而剩下影响敷设作业参数是敷设路径的水深和敷缆速度。

6. 海底电缆敷设张力计算模型

（1）环境参数。海底电缆敷设船的工作水深可达 100m，计算不考虑风载荷。海洋环境环境参数见表 6-1，海床要素见表 6-2，波浪要素见表 6-3，流要素见表 6-4。

表6-1　　　　　　　　　　海 洋 环 境 参 数

水平面位置（m）	运动黏性系数（m²/s）	海水温度（oT）	雷诺数计算方法
0	1.2E-6	15	沿横流方向计算

表6-2　　　　　　　　　　海 床 要 素

海底形状	海水深度（m）	海底方向（deg）	海底斜度（deg）	海底刚度（kN/m/m²）	土壤模型类型
平坦（Flat）	50	0	0	1350	线性
平坦（Flat）	100	0	0	1350	线性
平坦（Flat）	150	0	0	1350	线性

表6-3　　　　　　　　　　波 浪 要 素

波浪方向	波高	周期	起始时间	波浪类型
0deg	1.5m	8s	0	Stokes' 5th

表6-4　　　　　　　　　　流 要 素

位置	流速（m/s）	海流方向（deg）
海面流速	3knot	0
海底流速	2knot	0

（2）海底电缆敷设浮体模型。海底电缆敷设船的水动力系数和 RAO 曲线由软件根据船舶数据计算得出，船体参数见表 6-5。

表6-5　　　　　　　　　　船 体 参 数

船长（m）	满载排水量（t）	惯性矩（t·m²）	重心（m）
110	9017.95	2.54E6，5.98E6，5.98E6	2.53，0，-1.974

设定浮体的形心在总体坐标系中的初始位置，并控制浮体的偏移，包括三个平动位移和三个转动角度，浮体初始位置见表 6-6。

表6-6　　　　　　　　　　　浮 体 初 始 位 置

位置与偏移	方位		
	横倾	纵倾	艏向
0，0，0	0	0	0

（3）海底电缆技术参数。以某绝缘直流电缆为例，简化后的电缆截面模型如图 6-13 所示，悬链线底部的最小曲率半径 40m，电缆重量 90kg/m。电缆参数见表 6-7。电缆物理参数见表 6-8。电缆水动力参数见表 6-9。电缆水动力参数见表 6-10。电缆海底摩擦系数见表 6-11。

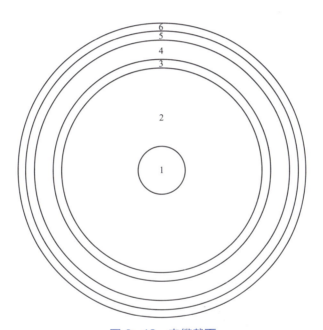

图 6-13　电缆截面

表6-7　　　　　　　　　　　电 缆 参 数

图中序号	材料	外径（mm）	密度（kg/m³）	弹性模量（GPa）	泊松比
1	铜	65.1	8700	110	0.35
2	交联聚乙烯	138.1	930	1	0.38
3	铅	147.3	11300	170	0.42
4	交联聚乙烯	173.8	—	—	—
5	钢	185.8	7850	200	0.25
6	交联聚乙烯	193.8	—	—	—

表 6-8 **电 缆 物 理 参 数**

名称	弯曲刚度（kN·m²）	轴向刚度（kN）	扭转刚度（kN·m²）	泊松比
全海底电缆段	495	6.81e5	10	0.3

表 6-9 **电 缆 水 动 力 参 数**

名称	拖曳力系数	升力系数	附加质量系数
全海底电缆段	1.2	0	1

表 6-10 **电 缆 水 动 力 参 数**

名称	法向摩擦系数	轴向摩擦系数
全海底电缆段	0.5	0.5

表 6-11 **电 缆 海 底 摩 擦 系 数**

名称	法向摩擦系数	轴向摩擦系数
全海底电缆段	0.5	0.5

（4）海底电缆张力计算结果。海底电缆最大的许用应力为 70N/mm²，海底电缆敷设船最大工作水深为 100m。按照 25m、50m、75m、100m 的工作水深对海底电缆张力做了计算，结果表明海底电缆结构强度满足敷设张力的要求。

1）水深 25m 海底电缆张力计算结果。计算流速 3 节，浪高 1.5m，敷缆船距离原点 400m，水深 25m，海底电缆长度 600m 情况下海底电缆敷设姿态如图 6-14 所示。

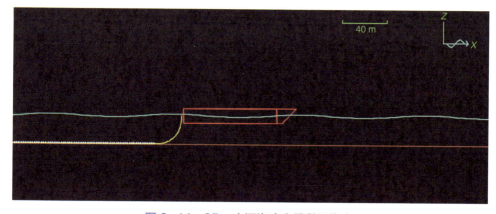

图 6-14　25m 水深海底电缆敷设姿态

通过计算，可以得出入水点和接地点的张力、弯矩和曲率，见表 6-12。

表 6-12　　　25m 水深海底电缆敷设时入水点与接地点受力表

位置	入水点	接地点
张力（kN）	34.65	20.00
弯矩（kN·m）	70.56	2.06
曲率（rad/m）	0.144	0.0042

2）水深 50m 海底电缆张力计算结果。计算流速 3 节，浪高 1.5m，敷缆船距离原点 400m，水深 50m，海底电缆长度 600m 情况下海底电缆敷设姿态如图 6-15 所示。

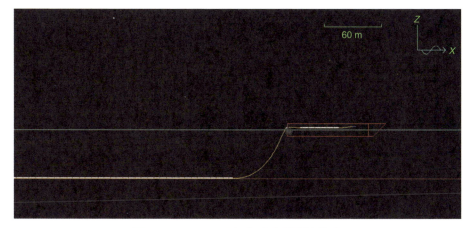

图 6-15　50m 水深海底电缆敷设姿态

通过计算，可以得出入水点和接地点的张力、弯矩和曲率，见表 6-13。

表 6-13　　　50m 水深海底电缆敷设时入水点与接地点受力表

位置	入水点	接地点
张力（kN）	50.737	24.390
弯矩（kN·m）	69.014	1.817
曲率（rad/m）	0.139	0.0037

3）水深 75m 海底电缆张力计算结果。计算流速 3 节，浪高 1.5m，敷缆船距离原点 400m，水深 75m，海底电缆长度 600m 情况下海底电缆敷设姿态如图 6-16 所示。

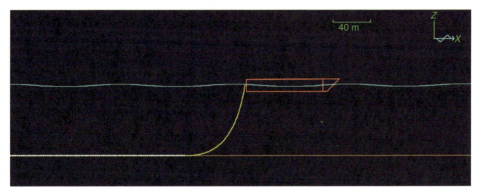

图 6-16　75m 水深海底电缆敷设姿态

通过计算，可以得出入水点和接地点的张力、弯矩和曲率，见表 6-14。

表 6-14　　　　75m 水深海底电缆敷设时入水点与接地点受力表

位置	入水点	接地点
张力（kN）	95.54	51.85
弯矩（kN·m）	61.74	1.127
曲率（rad/m）	0.126	0.0023

4）水深 100m 海底电缆张力计算结果。计算流速 3 节，浪高 1.5m，敷缆船距离原点 400m，水深 100m，海底电缆长度 600m 情况下海底电缆敷设姿态如图 6-17 所示。

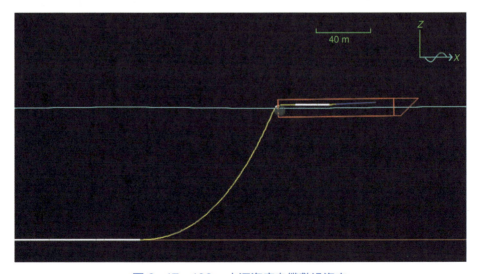

图 6-17　100m 水深海底电缆敷设姿态

通过计算，可以得出入水点和接地点的张力、弯矩和曲率，见表 6−15。

表 6−15　　　100m 水深海底电缆敷设时入水点与接地点受力表

位置	入水点	接地点
张力（kN）	115.731	62.263
弯矩（kN·m）	57.756	0.816
曲率（rad/m）	0.117	0.0016

6.1.3　海底电缆敷设过程中的疲劳分析

海底电缆敷设过程中由于相关设备及安装行为的引起复杂荷载可能会造成多种潜在的失效形式。敷设电缆时，在安装海底电缆接头过程中或暂停期间，电缆会面临反复的弯曲循环，主要是因为波浪引起的船舶运动。电缆弯曲变化会引起电缆部件中的循环张力变化，从而导致疲劳损伤。在高压电力电缆的金属部件中，铅护套通常是对疲劳损伤最敏感的部件。正常铺设期间，电缆逐渐被放出，以防疲劳损伤累积。海底电缆敷设过程中当需要进行中间接头安装时，正常的电缆放线被暂停几天。此时可以进行一个疲劳分析，验证由于船舶移动造成的海底电缆累积疲劳损伤是否在可接受范围内。可针对不同的天气条件（波高、周期和方向）分析疲劳寿命，以判断海底电缆接头安装或因天气条件限制临时暂停敷设时海底电缆悬挂在船上是否会受到疲劳损伤。

下述方法可作为评估海底电缆敷设过程中接头安装或临时暂停期间累积疲劳的指南：

（1）首先根据环境条件、船只响应特性和滑道/铺设轮的形状或悬挂装置来评估电缆的整体弯曲情况。可以通过专用软件进行动态分析，也可以通过简化保守假设来分析，比如忽略电缆弯曲刚度的影响。

（2）然后将电缆整体弯曲情况转换为易疲劳部件的应力变化。对于单芯电缆而言，铅护套的应力 ε 可由下述公式得出：

$$\varepsilon = r \cdot k_C \tag{6.49}$$

式中　r——护套的半径；

k_C——电缆的曲率。

对于三芯电缆，应考虑各线芯之间粘滞摩擦应力的作用。假定是线性累积损伤的条件下（根据线性累积损伤准则），铅护套的累积疲劳损伤可以计算得出，累积疲劳损伤 D 的计算公式如下：

$$D = \sum_{i=1}^{k} \frac{n_i}{N_i} \qquad (6.50)$$

式中　k——不同应变的数量；

　　　n_i——第 i 级应力水平下循环次数；

　　　N_i——在恒定应变范围 ε_i 的疲劳寿命，用铅护套的疲劳曲线 S/N 来计算。

通常假设疲劳损伤达到 1.0 时就会发生疲劳破坏。累积疲劳损伤 D 可以被视为分析疲劳荷载时已消耗寿命的一部分。应当给计算出的损伤应用一个安全系数，以降低故障率，其中累计损伤乘以安全系数应小于 1.0。安全系数由客户和制造商协商制定。

如果安装条件或电缆设计超出了先前已经验证的范围，和/或认为疲劳分析不充分，客户和制造商可以协商进行更详细的调查。

6.2　海底电缆保护原则

6.2.1　海底电缆面临的风险

随着海底电缆线路数量的不断增加，海底电缆在近海区域由于各种因素造成的故障越来越严重。海底电缆的修复时间很长，维修费用昂贵，维修一次需要几百万甚至上千万，而且海底电缆故障会造成该地区电力或通信中断，给该地区居民生活生产带来极大困难。在进行海底电缆保护工作之前，应首先了解海底电缆所受的主要风险，并针对性地采取保护措施。

对海底电缆安全运行的威胁主要取决于海底电缆的地理和地质环境，它取决于各种风险因素，如渔场环境、电缆登陆点的港口海事活动的频繁程度，相关水路船只抛锚的情况、大陆架的长度以及路由的水深。造成海底电缆结构损伤的外部因素可归纳为人为因素与自然因素两种，见表 6－16。

表 6－16　　　　　　　　　　海底电缆主要防护风险

损伤类型	主要风险
人为	捕鱼作业、抛锚、疏浚、其他海事作业
自然	海底滑坡、海底塌方、泥沙运动、地震、冲刷、生物、涡激振动

1. 人为因素

捕捞渔具和船锚是造成海底电缆的损坏的主要因素。捕捞渔具大致分为拖网类和张网类：拖网类的作业方式贯入海底较浅，容易对浅埋及裸露的海底电缆造成损坏；张网类的作业方式又分为船张网、大捕网、翻扛张网及帆张网，其中帆张网刺入海床深度最大可达 2m 以上，对海底电缆危害非常大。相对于捕捞渔具对海底电缆造成的损害，船锚对海底电缆的影响更大。不同的作业船采用的锚重、锚齿长度及刺入海床深度各不相同，拖网类的船锚重约几十公斤，锚齿长度小于 70cm，刺入海床深度约 100cm，船锚容易破坏敷设较浅的海底电缆；张网类的船锚重约 350kg，刺入海床深度大于 50cm，遇到大潮时，可能出现走锚现象，对浅埋的海底电缆影响比较大。每年因捕鱼活动造成的电缆损伤如图 6-18 所示。

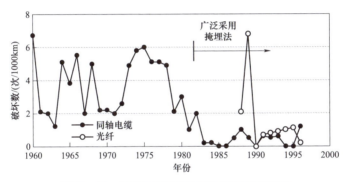

图 6-18 每年因捕鱼活动造成的电缆损伤

海洋的工程作业也是影响海底电缆安全的重要因素，但其对海底电缆的损害次于捕捞渔具和船锚。海底采沙作业同样不会直接破坏海底电缆，但是因为沙石的过量开采引起海底电缆外露或者悬空，易留下安全隐患。

2. 自然因素

自然因素包括海底地形、地质及水文条件的自然演变，也包括自然灾害、海生物等的影响。海底地形、地质及水文条件的变化可能导致海底电缆保护体的破坏与海底电缆的悬空，引起缆体的磨损、疲劳、屈曲及强度破坏等安全问题。

6.2.2 保护主要原则

海底电缆的保护工作是一项复杂而精细的系统工程。在充分识别海底电缆所受风险的基础上开展保护工作，首先，选择合适的电缆路由是保护工作的基础。这需要对海底地形、地质、海流、海洋生物活动等因素进行深入研究，确保电缆能够避开潜在的危险区域，如海底火山、峡谷带等。同时，路由的选择还需考虑经济性、可行性和环境影响等多方面因素。

其次，设计合适的电缆铠装是保护工作的关键。电缆铠装不仅要能够抵御海底环境的侵蚀，还要具备足够的强度和韧性，以应对外力侵害破坏。

电缆外部机械保护是海底电缆保护最重要的一环。这包括掩埋保护、加盖保护、套管保护和防冲刷保护等。

除了技术和工程方面的保护措施外，法律法规和运维管理措施同样不可或缺。政府各部门制定了严格的法律法规，规范海底电缆的建设、保护和管理行为。同时，海底电缆工程管理方也应建立完善的运维管理体系，确保电缆的安全稳定运行。

海底电缆保护的具体原则有：

（1）选择合适的路由以尽量避免风险区段，如航道、锚区、港口、渔场、海底峡谷和陡坡、海底裸露岩石、海底船舶残骸、弹药倾倒场、强水流区、冲刷区等。

（2）设计合适的电缆铠装，满足电缆机械性能的同时提供一定的抗外力破坏能力。

（3）海底电缆保护应根据工程具体情况采取合适的外部机械保护措施和运行管理防护措施，降低电缆受到损害的风险。

（4）海底电缆保护应根据环境因素选择开沟、掩埋、套管、加盖等保护方式。

（5）海底电缆保护宜设置合适的运行管理防护措施，如设置保护区、路由标示、警示牌，路由监控，加大保护宣传等。

（6）海底电缆保护应根据不同路由区段的风险类型和风险等级采取相应的保护措施，同时兼顾运维和检修的需要。

（7）海底电缆保护应选择合适的施工方法，避免施工过程对海底电缆造成损害。

（8）海底电缆保护宜优先采用掩埋保护的方式，包括水力冲埋、预挖沟、机械切割等手段，掩埋深度应根据风险程度和海床地质条件综合确定。

（9）海床坚硬、掩埋保护施工困难的区域宜采用加盖保护方式。加盖保护应具有良好的稳定性和抗破坏能力。

（10）海底岩石崎岖区段和电缆登陆段可采用套管保护。海底电缆的套管采用的套管应能提高电缆抗破坏能力，减小电缆磨损，采用套管保护方式时，应校核电缆载流量和套管的机械强度。套管保护可单独使用，也可与其他保护方式共同使用。

（11）海底电缆工程应进行海床冲刷分析调查，确定海底电缆路由区域海床冲淤情况以进行海底电缆路由选择和埋深设计。

（12）海上风电工程应针对海上风机、导管架基础处的局部冲刷进行分析，以选择合适海底电缆登陆方式和保护措施，如限弯器、J型管等。

▶ 6.3 海底电缆主要保护方式 ◀

海底电缆所处海洋环境复杂，潮流、海床的不规则性、海底沉积物的不稳定性及作业海域的水深等因素都会对海底电缆产生拖曳力、提升浮力、冲刷悬跨等，从而降低电缆在海底的稳定性。无保护状态下的海底电缆在波浪、海流作用下的往复运动可能造成缆体结构的疲劳损伤与外护层破坏，损伤后的修复难度大。同时，海底电缆在其服役期将不可避免地面临船舶抛锚、拖锚、渔业拖网及沉船等生产活动与安全事故的威胁，这对海底电缆保护技术提出了较高要求。

海底电缆保护途径可分为海底电缆自身结构防护（如铠装）与外部构筑物防护两种途径，本节主要聚焦于海底电缆外部构筑物防护。工程中海底电缆铺设多采用掩埋保护方式。若开挖沟槽难度过大，为避免海底电缆直接暴露于海床，可选用抛石保护、砂袋保护、混凝土连锁排保护、套管保护等加盖保护方式。对于复杂水动力环境下的冲刷防护与耐久性保护，可考虑加盖保护与阻流促淤措施的应用。当电缆与海底现存管线交汇时，则多采用混凝土连锁排、水泥垫等保护电缆。对于复杂水动力环境下的不稳定海床区域，还应考虑开展冲刷防护与耐久性保护设计。海底电缆保护需从设计、施工、运行和维护全寿命周期进行综合考虑，应根据实际工程应用需求与环境条件，选取适合的保护方式。

6.3.1 掩埋保护

工程中针对 200m 水深范围内海底电缆铺设多采用掩埋保护方式，包括冲埋保护、预挖沟保护等。冲埋保护通过高压水泵水射流切割土体，使电缆通过流化态土壤下沉，同时实施电缆沟的回填，使海底电缆埋敷到一定深度。冲埋保护可有效地防止抛锚、渔捞的损坏，并能减轻电化学和生物对电缆外护层的侵蚀，延长海底电缆的使用寿命。对近岸段冲埋射流设备无法实施的浅水区域，则可采用预挖沟保护方式，即将海底电缆放置于预先挖好的沟道后，进行泥沙回填。海底电缆冲埋示意如图6-19所示。

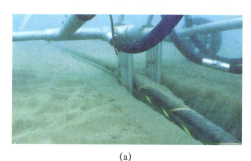
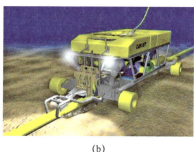

(a)   (b)

图6-19　海底电缆冲埋示意图
(a) 小型冲埋设备；(b) 大型冲埋设备

掩埋保护费用较低，且未明显改变海底地形，是海底电缆防护中优先选择的保护方式。通过各种施工机械将海底电缆掩埋至大于常规渔具和锚具刺入海床的深度，可有效减少对海底电缆的破坏。《电力工程电缆设计规范》（GB 50217—2018）规定：浅水区的埋深不宜小于0.5m，深水航道区的埋深不宜小于2m。对于复杂海洋环境下的海底电缆埋深设计，可依据海底电缆路由不同海床地质土壤中的不排水抗剪强度，以及不同重量锚具的锚链最小抗断强度，光滑粒子流体力学（SPH）、任意拉格朗日-欧拉（ALE）等理论开展数值分析论证，也可参照下式初步推演海底电缆埋深需求。

1. 落锚入土深度

挪威船级社 DNVGL-RP-F107 海底电缆保护风险评估规范中，采用能量法对船锚的落深进行计算，即船锚的能量完全被土体吸收，土体对船锚的作用力仅为土体的极限承载力。基于能量守恒原则，可以得到土体对船锚所做的功 W 等于船锚下落过程中的全部冲击能量 E_V，即：

$$W = E_V \tag{6.51}$$

忽略次要因素的影响，锚在水中受到自身重力 M、海水浮力 F_B 和海水阻力 F_D 的作用。其中阻力 F_D 与锚的速度、挡水面积和海水拖曳系数有关，即：

$$F_D = \frac{1}{2}\rho_w C_D A v^2 \qquad (6.52)$$

式中　ρ_w——海水密度，$kg \cdot m^{-3}$；

　　　C_D——拖曳系数（无量纲参数），取值参见表 6–17；

　　　v——锚的运动速度，$m \cdot s^{-1}$；

　　　A——挡水面积，即船锚迎水方向的投影面积，计算可参照下式：

$$A = (D + C\sin 45°)B \qquad (6.53)$$

式中　D——锚的厚度，m；

　　　C——锚爪的长度，m；

　　　B——锚的宽度，m。

表 6–17　　　　　　　　不同形状物体的拖曳阻力系数

物体形状	拖曳阻力系数
扁平状、细长状	0.7~1.5
箱子状	1.2~1.3
复杂形状（球体或复杂体）	0.6~2.0

船锚下落过沉重，随着速度的增加，当海水阻力 F_D 与重力 M、浮力 F_B 达到平和时，锚的下落速度达到最大值 v_{max}，可表示为：

$$v_{max} = \sqrt{\frac{mg - F_B}{\rho_w C_D A / 2}} = \sqrt{\frac{2mg - (\rho_s - \rho_w)}{\rho_s \rho_w C_D A}} \qquad (6.54)$$

式中　m——锚的质量，kg；

　　　ρ_s——锚的密度，$kg \cdot m^{-3}$。

落锚的冲击能量包括锚本身的动能和其携带的附加水动能。当锚的体积较大时，附加水动能不可忽略，因此锚的冲击总能量可由下式表示：

$$E_V = E_P + E_A = 0.5(m + m_a)v_{max}^2 \qquad (6.55)$$

$$m_a = \rho_w C_a V$$

式中　E_V——船锚的全部冲击能量，kJ；

　　　E_P——船锚的触底动能，kJ；

　　　E_A——附加水动力能量，kJ；

m_a ——附加水质量，kg；

C_a ——附加质量系数；

V ——附加水体积，m^3。

相应的贯入深度公式：

$$E_P = (0.5\gamma DN_\gamma z + \gamma z^2 N_q)A_P \tag{6.56}$$

式中 γ ——土体容重度，$kN \cdot m^{-3}$；

D ——船锚的等效直径，m；

N_γ、N_q ——土体承载力系数。

DNVGL－RP－F114 规范对 DNVGL－RP－F107 规范中的贯入深度公式进行了系数修正：

$$E_P = (0.5\gamma DN_\gamma z + 0.5\gamma z^2 N_q)A_P \tag{6.57}$$

式中，土体承载力系数 N_γ、N_q 可通过 API RP 2GEO 规范提供的推导公式获得：

$$N_q = e^{\pi \tan\phi}\left[\tan\left(45° + \frac{\phi}{2}\right)\right]^2 \tag{6.58}$$

$$N_\gamma = 1.5(N_q - 1)\tan\phi$$

其中，ϕ 表示土壤的内摩擦角。对于沙土土质，内摩擦角可通过地质转孔数据获得。对于粘土土质，地质转孔中无内摩擦角参数，可参考 ASCE 规范中的土壤垂向弹簧系数的公式：

$$Q_d = N_c cD + N_q \gamma HD + N_\gamma \gamma \frac{D^2}{2} \tag{6.59}$$

式中 Q_d ——弹簧系数；

N_c ——承载力系数；

c ——土壤粘聚力，kPa；

H ——海底电缆设计埋深，m。

对于粘土，上式可简化为：

$$Q_d = N_c cD$$

$$N_c = [\cot(\phi + 0.001)]\left\{\exp[\pi\tan(\phi + 0.001)]\tan^2\left(45 + \frac{\phi + 0.001}{2}\right) - 1\right\}$$

$$\tag{6.60}$$

综上，贯入深度 z 可根据下式得：

$$E_P = 0.5Q_d z^2 = 0.5N_c cDz^2 \qquad (6.61)$$

2. 拖锚入土深度

实际工程中，海底电缆被落锚直接贯入并损坏的概率极低。而落锚后，假设船舶由于应急抛锚制动或失控漂移至海底管线水域，在海底电缆上方进行抛锚作业损坏海底电缆的概率远远大于直接落锚贯入。船锚入土初始速度由 DNV RP F107 的触底速度公式计算得到。当水深足够时，船锚重力与浮力、下落阻力达到平衡，船锚匀速下落。

$$(m - V\rho_{water})g = \frac{1}{2}\rho_{water}C_D A v_1^2 \qquad (6.62)$$

式中　　m ——船锚质量，kg；

　　　　V ——船锚排水体积，m³；

　　　　ρ_{water} ——海水密度，取 1030kg/m³；

　　　　g ——重力加速度，m/s²；

　　　　C_D ——拖曳系数，取 1.3；

　　　　A ——锚冠面积，m²；

　　　　v_1 ——平衡速度，即船锚如土初始灌入速度，m/s。

在拖锚过程中，锚杆和锚爪之间的夹角逐渐增大，锚爪逐渐啮入土壤，直到夹角达到最大，此时锚达到最大抓力。因此，可认为船锚的最大啮土深度 z_t 仅与锚爪长度 h、锚冠高度 h_1 以及锚爪最大张角 θ 有关。船锚的最大啮土深度可表示为：

$$z_t = h\sin\theta + h_1 / \sin\theta \qquad (6.63)$$

计算时，锚爪长度 h、锚冠高度 h_1 以及锚爪最大张角 θ 可依据船锚相关标准获得。同时从安全角度考虑，海底管线与锚爪之间必须留有一定的安全富裕量 λ，其埋深富裕量一般取 $\lambda = 0.5 \sim 1.0$m。

实际工程中，对于海底电缆掩埋的长度和深度应综合考虑海底电缆铺设区域的风险程度、海底地质情况、水深、施工能力、造价等各方面的因素。显然，埋深越大保护能力越强，海底电缆被破坏概率越低，由海底电缆损坏引起的损失及抢险等费用越低。但是埋深过深，施工难度会增大、施工速度变慢，需要特殊施工设备。同时，大埋深情况下若发生破坏海底电缆维修难度更大，工程造价显著增加。

值得注意的是，冲埋保护适用于海床较软、容易冲埋的区域。对于地质坚硬等埋深施工困难区域，海底电缆的掩埋深度难以达到设计要求，需采用其他保护方式。同时，冲埋保护抗海流冲刷能力较弱，冲埋后仍可能出现裸露或悬空情况，因此不适用于移动沙丘等海床冲淤不平衡环境。

6.3.2 加盖保护

海底电缆加盖保护措施作为掩埋保护的补充手段，已在各国海底电缆工程建设中广泛应用。尤其是针对地质坚硬等冲埋施工困难区域，以及海底电缆在复杂的海床地质条件下形成的悬空段。通过实施覆盖物填充所形成的堆积体，使海底电缆运行环境得到有效改善和稳固，避免了海底电缆在海流的作用下，长期疲劳运动或与海床产生摩擦而造成海底电缆绝缘介质破坏。

1. 砂袋保护

对计划实施加盖保护的海底电缆路由浅水区段，由于抛石保护体稳定性在浅水段受波浪影响较大，同时大型落管抛石船难以进入浅水区域施工，此时考虑采用砂袋保护方式。砂袋保护是将混凝土或沙装进砂袋里面，然后堆至于海底电缆上方，从而固定和保护海底电缆。砂袋保护的实施应考虑水动力环境作用下砂袋坝体的稳定性、抗锚害能力，同时还应对地基的承载力进行校核。特殊地质情况下，还需考虑基础沉降对海底电缆安全的影响。

（1）砂袋坝体的抗锚害能力可通过如下公式初步评估。在流体中匀速下落物体的最终速度 v_r：

$$(m - V \times \rho_w) \times g = \frac{1}{2} \rho_w \times C_D \times A \times v_r^2 \tag{6.64}$$

式中　m ——下落物体的质量，kg；

$\quad\quad g$ ——重力加速度，m/s²；

$\quad\quad V$ ——物体的排水体积，m³；

$\quad\quad \rho_w$ ——水的密度，kg/m³；

$\quad\quad C_D$ ——物体的拖曳系数；

$\quad\quad A$ ——下落方向上物体的投影面积。

船锚下落至水泥砂袋坝体上后，其能量由水泥砂袋吸收，根据能量公式，下落船锚的能量为：

$$E_p = \frac{1}{2}\, \mathrm{m}\, v_r^2 \qquad\qquad (6.65)$$

船锚侵入后，水泥砂袋坝体吸收的能量可以表达为：

$$E_p = \frac{1}{2}\gamma' \times D \times N_\gamma \times A \times z + \frac{1}{2}\gamma' \times z^2 \times N_q \times A \qquad (6.66)$$

式中 E_p ——下落物体的动能；

      γ' ——土壤的有效重度；

      D ——下落物体的外轮廓尺寸；

      A ——下落方向上物体的投影面积；

      z ——下落物体的侵入深度；

 N_γ、N_q ——承载力系数。

通过核实坝体高度 H 与侵入深度 z 的相对大小，即可判断水泥沙袋坝体的高度是否满足抗锚害要求。

（2）砂袋坝体的稳定性可通过如下公式初步评估。水泥沙袋材料的临界剪应力可表示为：

$$\tau_{cr} = (\rho_r - \rho_w) \times g \times D_{50} \times \psi_{cr} \qquad\qquad (6.67)$$

式中 τ_{cr} ——临界剪应力，$\mathrm{N/m^2}$；

      ρ_r ——水泥砂袋密度，$\mathrm{kg/m^3}$；

      ρ_w ——水的密度，$\mathrm{kg/m^3}$；

      g ——重力加速度，$\mathrm{m/s^2}$；

   D_{50} ——中粒径；

    ψ_{cr} ——Shields 参数。

水流、波浪联合作用下的剪应力可表示为：

$$\tau_{cw} = \tau_w + \tau_c + 2\sqrt{\tau_w \times \tau_c} \times \cos\left(\frac{\varphi_w \times \pi}{180}\right) \qquad (6.68)$$

推导可得：

$$\tau_w = 0.5\,\rho_w \times f_w \times (k_w \times U_b)^2$$

$$\tau_c = \rho_w \times g \times \left(\frac{k_c \times V_{avg}}{C}\right)^2 \qquad\qquad (6.69)$$

式中　τ_{cw} ——波、流联合作用下的剪应力，N/m²；

　　　V_{avg} ——水深平均恒定流速，m/s；

　　　U_b ——底部水平位移速度，m/s；

　　　C ——Chey 参数，m$^{1/2}$/s；

　k_w、k_c ——波浪和水流的紊流系数；

　　　φ_w ——波浪与水流方向的夹角，°。

$f_w = \exp(-6 + 5.2(A_b / K_s)^{-0.19})$ 表示波浪摩擦系数，且不大于 0.3，其中 A_b 为底部水平文艺幅值（m），K_s 表示底部粗糙系数。当水流和波浪引起的联合剪应力 τ_{cw} 小于水泥砂袋材料的临界剪应力 τ_{cr} 时，可认为水泥砂袋坝体自身稳定性满足要求。

（3）地基承载力校核。地基承载力是指地基承担荷载的能力。在荷载作用下，地基产生形变。随着荷载的增大，地基变形逐渐增大，初始阶段地基土中应力处在弹性平衡状态，具有安全承载能力。当荷载增大到地基中开始出现某点或小区域内各点在其某一方向上的剪应力达到土的抗剪强度时，该点或小区域内各点就发生剪切破坏而处在极限平衡状态，土中应力将发生重分布。地基小范围的极限平衡状态大都可以恢复到弹性平衡状态，地基尚能趋于稳定，仍具有安全的承载能力。当荷载继续增大，地基出现较大范围的塑性区时，将造成地基承载力不足而失去稳定，此时地基达到极限承载力。

为保证地基稳定性满足要求与地基变形不超过允许值，地基单位面积上海底电缆加盖保护体产生的荷载 σ_l 应小于地基承载力的许可值 σ_d。

2. 混凝土联锁排

混凝土联锁排保护采用相同规格的混凝土块通过防老化丙纶绳，形成一个大面积的保护垫。混凝土连锁预制片一般由 400mm×400mm 的砼块通过连接绳串联而成，通常尺寸为 4m×5m，砼块厚度通过稳定分析得出。机械设备可以将其整块吊放在海底电缆上面，通过外层的混凝土对海底电缆进行保护。依托混凝土联锁块软体排进行覆盖，同样可以起到稳固海底电缆的作用。但混凝土联锁块软体排抗锚害性能较弱，且一旦覆盖范围内海床出现冲刷，可能引起海底电缆张力的显著增加，因此一般建议与水泥砂袋结合使用。混凝土联锁排施工如图 6-20 所示。

图 6-20　混凝土联锁排施工示意图

依据《水运工程土工合成材料应用技术规范》，混凝土连锁排砼块的厚度主要受海洋水动力作用下的连锁排抗掀稳定性控制。连锁排砼块的有效厚度计算式可通过下式验算：

$$V \geqslant V_{CR}$$
$$V_{CR} = \theta \sqrt{r'_R \, g t_m} \qquad (6.70)$$
$$r'_R = \frac{r_m - r_w}{r_w}$$

式中　V ——连锁排边缘流速，m/s；

　　　V_{CR} ——连锁排边缘临界流速，m/s；

　　　θ ——系数，系结连锁排取 2，砂被连锁排取 1.4；

　　　r' ——连锁排相对浮重度；

　　　g ——重力加速度，m/s²；

　　　t_m ——连锁排等效厚度，m；

　　　r_m ——软体排重度，kN/m³；

　　　r_w ——水的重度，kN/m³。

混凝土垫本身体积较大，需要事先加工好，通过吊装设备进行安装，对施工要求较高。水泥联锁排保护施工工艺复杂，深水区联锁排敷设工期长，工程上多被应用于近岸侧浅海区域已具备一定掩埋深度的海底管缆冲刷防护。

无论混凝土连锁排单独使用或是与水泥砂袋结合使用，设计中都同样需要考虑地基承载力校核。地基单位面积上海底电缆加盖保护体产生的荷载 σ_l 应小于地基承载力的许可值 σ_d。

3. 抛石保护

抛石保护通过堆石填充形成石料堆积体，使海底电缆运行环境得到有效改善和稳固，避免了海底电缆在海流的作用下长期往复运动引起的结构疲劳及海床摩擦而造成海底电缆绝缘介质破坏。同时，海底电缆上部的石料堆积层也具备一定抵御外力冲击破坏能力。因此，常被用于无法进行冲埋保护的海底电缆区段。抛石保护具备抵御洋流冲刷的能力，且受海底地形影响较小，因此还可应用于海底电缆悬空段的修复，通过向悬空段倾倒砾石和石子等松散材料填充海底电缆底部悬空，可实现悬跨海底电缆的有效固定。抛石保护如图 6-21 所示。

图 6-21　抛石保护示意图

海底电缆抛石保护体应具有良好的稳定性和抗破坏能力。抛石保护体结构宜分为填充层和护面层。填充层块石尺寸、类型选择应以块石水环境中下落最大冲击不损伤海底电缆结构为控制条件，填充层堆石体形状应考虑水环境下的稳定性，填充层厚度应以护面层施工过程中块石下落最大冲击力不损伤海底电缆结构为控制条件。护面层块石尺寸、类型选择应满足水动力作业下抛石保护体稳定性要求。典型抛石体横断面设计方案如图 6-22 所示。

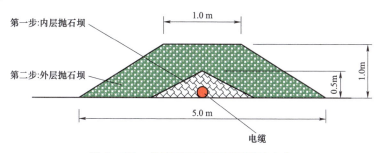

第一步:内层抛石坝

第二步:外层抛石坝

电缆

图 6-22　典型抛石体横断面设计方案

抛石体稳定性评估中应考虑的工程环境动力要素包括:潮汐、潮流、余流、风暴潮、波浪。抛石体稳定性关键设计参数包括:石料类型、尺寸、密度、级配,以及抛石堤坝断面设计尺寸、放坡比。抛石体防锚害关键设计参数应涵盖抛石体几何参数和块石材料参数,块石材料参数包括刚度、孔隙率、摩擦系数和级配。抛石体防锚害设计应考虑最不利荷载施加方式,包括:① 船舶下锚过程中船锚以垂直冲击荷载方式施加,船锚以一定初始速度撞击于海底电缆保护体;② 船舶拖锚过程中船锚以水平荷载方式施加,船锚埋置海床以下一定深度,并以特定速度冲击堆石体一侧。

抛石保护体设计尺寸规格宜采取水池物理模型试验验证。试验内容应包含抛石体顶部与端部放坡处表层区域块石稳定性临界值、偏移量,以及抛石体坡脚冲蚀情况评估。未开展试验验证时,抛石体稳定性设计可根据附近工程经验取值。无设计经验时,可参考如下取值:

(1)当工程海域底层流速不大于 2m/s 时,建议级配采取 5~10cm、10~15cm、15~20cm 三种块石的级配比例 1:1:1 用于护面层海底电缆抛石保护。

(2)对于抛石保护体在水流冲击下的稳定性,在抛石体梯形断面上底不大于 1m,高度不大于 1m,斜坡比不小于 1:2 情况下,抛石块体临界稳定尺寸推荐值见表 6-18。

表 6-18　　　　　　　　　抛石块体临界稳定尺寸推荐值

石料种类	水深（m）	流速（m/s）	块石尺寸（cm）
火山岩	5~10	2.0	10~15
火山岩	5~10	1.8	8~10
火山岩	5~10	1.6	5~8
火山岩	15	2.0	10~15
火山岩	15	1.8	8~10

续表

石料种类	水深（m）	流速（m/s）	块石尺寸（cm）
火山岩	15	1.6	5~8
火山岩	大于20	2.0	8~10
火山岩	大于20	1.6	3~5
玄武岩	5~10	2.0	10~15
玄武岩	5~10	1.8	8~10
玄武岩	5~10	1.6	5~8
玄武岩	15	2.0	10~15
玄武岩	15	1.8	8~10
玄武岩	15	1.6	5~8
玄武岩	大于20	2.0	8~10
玄武岩	大于20	1.8	5~8
玄武岩	大于20	1.6	3~5

6.3.3　套管保护

当海底电缆由于路由的限制，需在近海浅滩段、渔船作业抛锚的频发点进行施工，且海底电缆掩埋深度达不到设计深度要求时，可采用套管保护的方法。套管可以是钢套管、玻璃套管或者混凝土管。在近海浅滩段，常用钢管或者钢筋混凝土管保护海底电缆。一般提前挖好沟槽。将钢管或钢筋混凝土管放入沟槽内，然后回填原状土。

海底电缆保护套管对捕捞渔具和渔船船锚具有较强的抵御能力。套管保护壁厚设计主要受套管抗锚害能力控制，设计中应考虑工程实施海域可能存在的拖网、锚害等外部冲击荷载特征，结合海底电缆埋设位置土压力，开展计算验证。但与此同时，在海底电缆长期运行中套管保护也可能引起海底电缆运行环境不平衡而导致的不利条件，包括海底电缆在套管内散热问题、感应磁场问题，以及海洋生物腐蚀等，应在保护设计中应充分考虑。

6.3.4　冲刷防护

现有规范规定："海底电缆路由宜选择在海床稳定、流速较缓、无海底岩礁或沉船等障碍、少有沉锚和拖网渔船活动的水域"。然而随着社会能源需求与电网建设的不断开拓，海底输电线路建设已拓展至航运密集、海床稳定性欠佳海域。对于海底地形不规则、水动力环境的复杂、海底沉积物的不稳定等冲刷风险海域，应采取切实可行的冲刷防护措施，以避免海底电缆防护能力的丧失。

海底电缆防冲刷设计宜基于路由区海床演变分析和局部冲刷分析内容。在海底电缆使用寿命期限内，预估海底电缆路由区海床出现的冲刷量不得影响海底电缆安全性和保护体防护功能。海床演变分析宜在现场查勘的基础上，利用历史水下地形图、遥感影像及有关海流、波浪、泥沙测验资料，根据海床演变的基本规律和人类活动的影响，分析路由区海床冲淤变化特征。海床演变分析应确定路由各冲刷区段，以及各区段海床历年冲淤的幅度和速率变化趋势，分析判断海底电缆设计寿命内可能存在的最大冲刷深度，用于海底电缆冲刷防护范围的评判。

现阶段，针对水下构筑物泥沙冲刷抑制已形成一定研究成果，其防护措施主要从以下三方面出发：① 增大管线的适应冲刷能力，如加装海底电缆护套、更换动态海底电缆、管线裸露后进行重新挖沟掩埋等；② 增加海底泥沙的临界起动流速，如抛碎石、抛砂袋覆盖防护；③ 降低水流对管线的冲刷速度，如透水框架、仿生水草覆盖法，通过阻流作用促进泥沙的淤积。

考虑到抛锚、拖锚、拖网、沉船等情况对海底电缆的威胁，海底电缆冲刷防护主要考虑后两种防冲刷方式。

1. 加盖保护

对于增加海底泥沙的临界起动流速的研究，部分学者对悬空管线采用抛石防护进行研究，得出抛石防护的薄弱位置以及抛石防护的极限抗流速度等结论并提出了抛石护坡、碎石覆盖和后挖沟填埋的措施，上述研究为海底管线的安全运营提供了保障。

值得注意的是，对采用加盖保护方式的海底电缆区段还应考虑保护体坝身对海床地形的改变引起的海床局部冲刷问题。研究表明，加盖保护的实施将引起坝体周围流场的变化，并在坝头、坝体迎水面和背水面出现分离、旋涡、下潜等一系列水动力现象，这可能导致坝体迎水面和坝头附近泥沙的剧烈淘刷，形成局部冲刷坑。水流的持续冲刷还可能造成坝体开裂、变形、坝基失稳与沉降等事故。

为抑制抛石保护体边缘的二次冲刷程度，可采用的措施包括延长加盖保护体端位置至地质级配优良区段、增加抛石体端部放坡比、阻流促淤措施的结合应用，以及其他改善抛石体端部水流条件的措施。

2. 仿生水草

"仿生水草"通过大量海藻状的聚酯线连接在聚酯编织绳上，组成一个巨大的粗筛孔聚酯编织垫，依靠锚固桩固定在水下管道的四周。在水中，"人工水草"的聚酯线由于浮力而垂直浮起（高约 1～1.5m），在水流作用下来回摆动，形成一个粘滞阻力围栅，使流经的水流速度减缓，水流中的泥沙及携带的其他微小物质透过"人工草"迅速沉积，填充在水底。经过一段时间的沉积，便逐渐形成一个泥沙与"人工草"紧密结合的纤维加强坝，将管道覆盖。这种"仿生水草"覆盖层在形成后，非常坚固，只有高压水流才可以破坏它。

"仿生水草"实施相对简便，在水下能迅速安装、长期使用。仿生草可以降低潮流速度，促进海水中所挟泥沙的沉降，从而达到固沙促淤的目的。近年来，人工水草被应用于海底油气管线的防冲刷处理中。图 6－23 展示了欧洲北海某南部石油天然气管线沙质海床"仿生水草"安装一个月内的海床淤积情况。

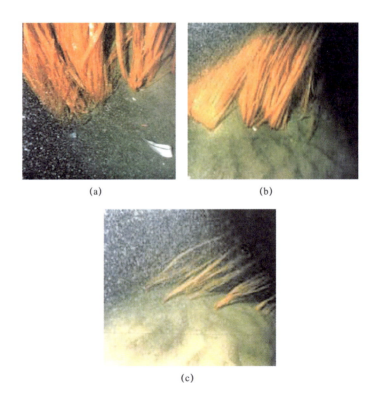

(a)　　　　　　　　　　(b)

(c)

图 6－23　南部石油天然气管线仿生草实例
（a）沉积早期一周（b）沉积一月（c）沉积三月

3. 透水框架

六面体透水框架是一种新型减速促淤防护形式，具有阻流和防冲两方面的功能，并具有较强的自身稳定性，如图 6-24 所示。透水框架可作为阻流促淤措施，在固滩护岸、丁坝和堤防固脚、桥台（墩）基础防护等方面得到了广泛应用。海南联网工程海底电缆近岸段保护同样采用了透水框架防护措施，并被证明应用效果满足工程需求。

图 6-24　透水框架

值得注意的是，一些场景下的柔性阻流装置的应用并未达到预期目标，降低水流将导致泥沙于阻流措施处淤积，长期作用下将阻塞并可能引起保护体端部的二次冲刷。因此，实际工程中应有效评估保护设施的耐久性，避免复杂水动力环境长期作用下，海底电缆设计寿命内保护体发生沉降、垮塌，及淤积与二次冲刷等失效情况。

6.3.5　应急修复

海底电缆结构损伤与性能失效大多由多重因素共同作用导致。海底电缆所处海洋环境复杂，潮流、海床的不规则性、海底沉积物的不稳定性及作业海域的水深等因素都会对海底电缆产生拖曳力、提升浮力、冲刷悬跨等。尤其对于敷设于海床上的静态海底电缆，内部结构几乎处于零应力状态，但悬空后的海底电缆兼具动态应用的承载需求和应力状态。当海底电缆在陡坡等地形中悬空长度过大时，因受重力作用海底电缆局部将承受较大的张力，同时在水流、涌浪影响下发生反复弯折，内部铅护套及铠装层等构件受到高频率的交变弯曲荷载，可能出现严重的疲劳损伤，导致电缆进水、径向开裂或击穿风险。考虑到海洋水动力环境的不确定性，通常需要根据海底电缆所处海床环境采取针对性应急修复措施。

1. 二次冲埋

对于海床相对稳定区段，海底电缆埋深不足且未出现悬跨区段的海底电缆，优先考虑运用具备较强冲力和较大的流量的冲埋设备，对路由中的砂质海床区段尝试二次冲埋。施工前首先对已敷设电缆进行重新探测定位，并核实该区段海底电缆余缆长度，详细论证海底电缆二次冲埋可行性。

对于海床相对稳定区段，计算确定不同粘性土壤抗剪强度和冲埋保护设防水平下的最小冲埋目标埋深 h_m，计算方法参考本章 6.3.1 节。同时，综合考虑海底电缆路由区海底地形地貌、历史海风数据，获得海床地貌的长期性演化特征尤其是风暴潮等极端环境条件下的海床动力演变规律，获得海底电缆设计寿命内的路由海床冲淤变化深度 h_c。则二次冲埋目标埋深 H 可表示为：

$$H = h_m + h_c \tag{6.71}$$

埋深计算中，设计边界条件应相对准确，流速与最大流速设计值一致，往复流来流方向宜至少取工程勘测数据统计的前三位主流向。

2. 加盖保护与阻流措施

对于二次冲埋可行性较低的海底电缆埋深不足区段，可采用水泥砂袋、抛石、混凝土连锁平等加盖保护措施，以及透水框架、人工水草等阻流促淤措施。措施设计可参照 6.3.2 节、6.3.4 节内容。对于加盖保护措施，为优化工程量，可依据海底电缆实际检测埋深情况，在满足抗锚害能力的基础上，适当减小加盖保护体高度。

3. M 型坝综合修复

对于已出现悬空且于悬空段长度较大的海底电缆，为实现海底电缆张力的消减与缆体结构的有效固定，同时防止大量碎石反复冲击电缆，造成张力增大、电缆外铠磨损等问题，可采用 M 型坝综合修复方式对其进行应急修复。

建议首先在悬空段中部建立支点，即以石块抛填成基座，然后在基座上堆放沙袋和吨袋以支撑海底电缆。对悬空段中点处临时支撑点进行施工时，应先抛较大石块，坝体高度约为现状海底电缆所在高度。抛石完成后由潜水员对海底电缆下方抛石坝进行简单整平后进行水下沙袋的摆放工作。沙袋与沙袋之间应摆放密实，并且应该错缝布置。M 型坝综合修复体横断面示意如图 6－25 所示。

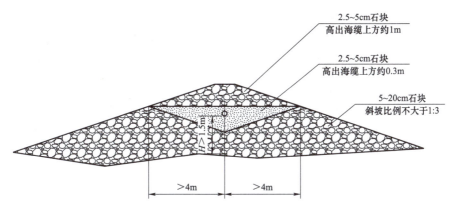

图 6－25　M 型坝综合修复体横断面示意图（上盖沙袋）

中部支点建立后，其他区段在电缆两侧抛放大石块，抛石设计应采用落管抛石工艺，并充分考虑抛石精度与施工安全裕度制定抛石点距离海底电缆水平距离。当海底电缆两侧抛石形成 M 型基座后，用上述两层石块垫高海床，形成中间低两边高的"凹槽"。抛石过程中应及时抛放及时检测，控制坝体质量。采用 6.3.2 节中规定的内层抛石粒径石块从电缆侧面 2m 左右抛石至海底电缆上方齐平，并继续补抛一部分小石块至海底电缆上方约 0.3～0.5m，一方面可以起到一定防外力破坏的作用，另一方面可以减轻海流对缆的影响。在外层抛放大石块，高于电缆高度 1m。

M 型抛石坝修复方案应用前应充分考虑水动力对抛石体稳定性影响，同时考虑坝体端部二次冲刷的可能性，积极采取应对措施。

4. 灌浆袋支撑

灌浆袋是一种克服管缆悬空的有效方法，它由一系列相互连接的气囊组成，当气囊中填充灰浆后就形成气囊型支垫。气囊型支垫呈"V"形，可以保证与管道接触良好。

先由潜水员将未注灰浆的空气囊铺放在管道悬空段底下，然后用注浆设备将灰浆注入气囊中，从而托起管道。最近，英国开发了一种用于灰浆气囊施工的先进设备，并在北海成功地进行了试验。最高可以处理 3m 的悬空。灰浆气囊实景如图 6－26 所示。

图 6-26　灰浆气囊实景图

国内中相关企业同样采用过类似方案，防冲刷灌浆袋如图 6-27 所示。袋体采用重型机织聚丙烯（Heavy Duty Woven Polypropylene）或聚氨酯双面涂层布（TPU）制成，采用热和工艺和缝制工艺两者结合制作，其缝纫线采用 TK13 尼龙绳。灌浆袋内部设置有中间结构层，灌浆袋本体底部设置灌浆口和仿生草，顶部设置返浆口和备用夹层。灌浆口都采用单向阀门，外部通过法兰或快速接头与灌浆软管相接。

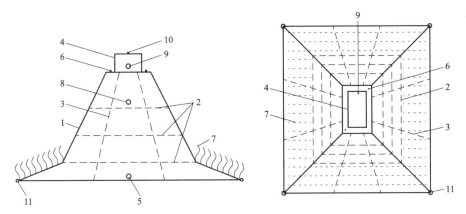

图 6-27 防冲刷灌浆袋

1—灌浆袋本体；2—中间结构层；3—竖向加强层；4—备用夹层；5—灌浆口；6—返浆口；
7—仿生草；8—备用灌浆口；9—备用夹层；10—备用夹层返浆口；11—固定环

6.3.6 弯曲保护

在固定式风电基础附近，海底电缆由海床进入平台上部结构，这个过程有两种方式，一种是海底电缆经由 J 型管，从桩基外部进入上部平台；另一种方式是海底电缆从海底电缆孔进入桩基内部，然后进入上部平台。风电基础附近的海底电缆由于自重、风浪、海流等的共同作用下，容易发生弯曲破坏，所以需要进行弯曲防护。由于海底电缆进入风电基础上部平台的方式不同，导致防护装置略有差别。

当海底电缆从桩基外部进入桩基上部平台时，为避免浪流的冲击，沿桩基布置的大部分海底电缆由 J 型管保护，靠近海床的部分由弯曲保护装置进行保护。J 型管弯曲保护装置如图 6-28 所示。这种情况下的弯曲保护装置大多由两部分构成，分别是中心夹具与限弯器。中心夹具的主要作用是连接限弯器与海底电缆，还能将海底电缆固定在 J 型管中心区域，防止 J 型管对海底电缆产生磨损。限弯器是弯曲保护装置的功能单元，防止海底电缆发生弯曲破坏。弯曲保

图 6-28　J 型管弯曲保护装置

护装置在海底电缆铺设前安装在海底电缆上，安装时应计算好中心夹具前预留的海底电缆长度。

当海底电缆经由海桩基内部进入上部平台时，桩基内部的电缆不会受到波浪和海流的冲击，所以不需要对桩基内部的整段海底电缆进行防护。对应于这种安装方式，弯曲保护装置一般由三部分构成，分别是防弯器、卡扣、限弯器如图 6-29 所示，称之为 tubeless 弯曲保护。其中，弯曲保护装置是为了保证桩基内部的海底电缆在安装过程中不发生弯曲破坏；卡扣的作用也是为了固定弯曲保护装置，与中心夹具不同的是，卡扣不会与海底电缆连接，其通过自身的倒刺结构，将弯曲保护装置固定在海底电缆孔；限弯器的作用是防止桩基外部的海底电缆发生弯曲破坏。

图 6-29　tubeless 弯曲保护装置

海底电缆接续修复及打捞、回放过程同样需要考虑电缆的张力、弯曲半径、扭转角等参数处于允许范围，保护方式包括在接头两端安装限弯器或其他结构辅助铺设。海底电缆接头两端加装限弯器如图 6-30 所示。典型接续修复后海底电缆回放过程保护措施如图 6-31 所示。

图 6-30　海底电缆接头两端加装限弯器

图 6-31　典型接续修复后海底电缆回放过程保护措施

针对弯曲保护装置的失效模式，确定其设计准则有以下几条：

（1）最小弯曲半径准则。针对刚度失效，要求应用限弯器后，海底电缆在安装及在位服役过程中的最小弯曲半径不小于海底电缆许用的最小弯曲半径，即：

$$R_{\min} \geqslant [R_{cable}] \qquad (6.72)$$

（2）强度准则。在海底电缆承受最大载荷时，弯曲保护装置不能发生强度破坏。为保证限弯器不发生强度破坏，在承受最大弯曲载荷时，限弯器结构中产生的最大应力不应超过材料的许用应力，即：

$$\sigma_{\max} \leqslant [\sigma] \qquad (6.73)$$

对于金属材料，$[\sigma]$ 即为金属材料的强度。对于聚氨酯材料，由于聚氨酯材料在长期高应力状态下易发生蠕变，减小结构的限弯能力，所以当限弯器在短期载荷作用下，如安装工况，许用应力一般取材料强度 45%；当限弯器在长期载荷作用下，如在位工况，许用应力一般取材料强度 15%。

（3）连接强度准则。一方面，在位服役期间弯曲保护装置连接结构不能与海底电缆或桩基脱离；另一方面，弯曲保护装置内部众多连接结构也不能发生松动、脱落。

（4）寿命准则。在结构设计以及材料选择过程中，要确保弯曲保护装置使用寿命达到设计要求，一般为 25 年。

限弯器由多个相同的半圆筒式子结构相互嵌套组成，子结构在一定范围内能相互转动。所以，在海底电缆弯曲至锁合半径之前，限弯器不会工作，一旦海底电缆弯曲至限弯器锁合半径，限弯器各子结构相互扣锁，为海底电缆附加额外的弯曲刚度，减缓海底电缆的进一步弯曲。为限弯器限弯原理如下式所示：

$$K = \begin{cases} \dfrac{M}{EI_{cable}} & (M \leqslant M_0) \\[2mm] K_1 + \dfrac{M - M_0}{EI_{cable} + EI_{br}} & (M \geqslant M_0) \end{cases} \qquad (6.74)$$

式中　K ——海底电缆曲率；

　　M ——海底电缆及限弯器系统承受的弯矩；

　EI_{cable} ——电缆弯曲刚度；

　　K_1 ——限弯器锁合半径对应的曲率；

　　M_0 ——海底电缆弯曲至限弯器锁合半径时承受的弯矩；

　　EI_{br} ——限弯器弯曲刚度。

该理论假设锁合之后的限弯器等效为等截面梁进行弯曲刚度计算。图 6－32 为限弯器结构原理示意图，图 6－33 为限弯器力学原理示意图。可见限弯器的限弯能力由限弯器的锁合半径以及限弯器的组合弯曲刚度共同决定，限弯能力一般由限弯器可承受的弯矩来表示。

海底电缆的曲率分布与载荷环境、海底电缆自由段长度、海底电缆弯曲刚度有关，由于海底电缆的载荷环境无法改变，所以为了控制海底电缆的曲率，可以通过调整海底电缆自由段长度、增加海底电缆弯曲刚度来实现。限弯器长度由海底电缆附加弯曲刚度由其锁合半径与组合弯曲刚度共同决定。另外，在保护海底电缆的同时，限弯器自身还需要保证一定的强度。

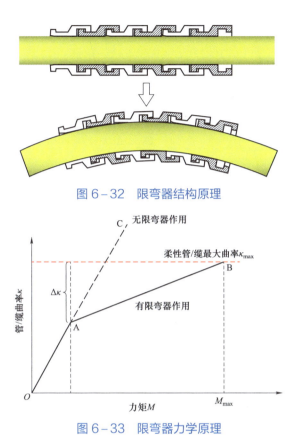

图 6-32　限弯器结构原理

图 6-33　限弯器力学原理

6.3.7　动态缆线型保护

　　中国海域近岸水深多小于 100m，浮式平台在风、浪、流的加载下可能发生较大的偏移。对于处于悬链线状态的海底电缆，如连接海床静态海底阵列与浮式平台的动态海底电缆，以及海底电缆的接续修复过程，还应考虑线型保护措施，保障电缆的张力、弯曲半径、扭转角等参数处于允许的范围。

　　对于浮式系统中连接海底与浮式平台的动态海底电缆，设计中应详细考虑缆体在水下空间的布局与几何参数，并通过浮力附件，使海底电缆形成一段或多段悬链线的松弛形态，通过顺应浮体运动来避免缆体结构在自重、水动力与浮体牵引力作用下发生断裂、过度弯曲、屈曲等失效。图 6-34 展示了 API RP 17B 规范中常用海底电缆线性保护方式，包括自由悬列线型（free hanging catenary）、缓波型（lazy wave）、陡波型（steep wave）、缓 S 型（lazy S）和陡 S 型（steep S）。不同线型需要不同的附属构件组合以提供浮力和约束。

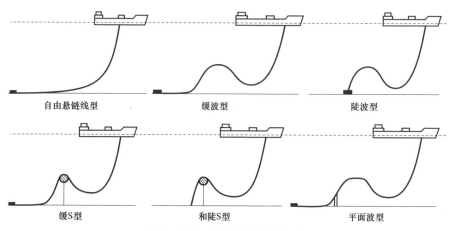

图 6−34　常见线型保护方式

　　浮力附件（通常称为"浮筒"）一般有分布式和集中式两类。分布式浮筒用于形成波形态线型，一般使用聚氨酯泡沫或环氧树脂复合泡沫材料提供浮力，在深水应用时结合玻璃微珠增强其承压能力。集中式浮筒用于形成 S 形线型，其浮力主要由金属材料制成的浮力舱或复合泡沫材料制成的浮力模块提供。浮力附件如图 6−35 所示。

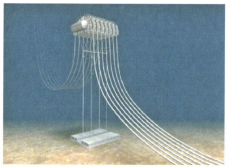

图 6−35　浮力附件（左：分布式浮筒；右：集中式浮筒）

　　此外，还有对海底管缆的关键部位进行局部保护的附件。最常见的是弯曲限制器，包括防弯器和限弯器，通过对易发生弯曲失效的部位进行弯曲刚度的加强或均匀过渡，或以曲率限位的方式实现保护，如图 6−36 所示。

　　在动态海底电缆线型保护设计中，需考虑的荷载包括缆体张力大小与自重、浮力、缆体受到的水动力荷载，海生物对海底电缆的影响（包括改变外径、湿重、质量以及外表面粗糙度）以及物体坠落、渔网冲击、超压、浮体定位失效等意外荷载。波浪直接或间接造成的动态海底电缆动力影响，还将引起的缆体结构疲劳损伤。

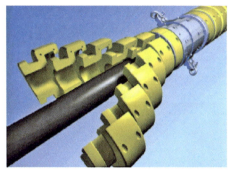

图 6-36　防弯器与限弯器

　　线型设计的主要内容包括：线型选择、设计管缆长度、设计附属构件以及系统布局等。线型的选择决定各段管缆的大致长度、附属构件的选择，而且影响管缆在外载荷作用下的响应。但是无论哪种线型，均可视作由一个或几个悬链线型组合构成。

　　计算方法方面，截至目前已发展出诸多整体分析程序和商业软件，比较知名的包括 Flexcom、Riflex、Orcaflex 等。在评价动态海底电缆线型的响应时，需要建立包含附件的详细模型，以校核整体立管系统的安全性。

　　设计校核应注意以下内容：① 防弯器或缆内部结构在各工况下的曲率及分布，需满足最小弯曲半径准则；② 防弯器自身的应力水平，需满足强度准则和蠕变准则；③ 浮力和分布设计、浮筒的水动力性能；④ 浮筒与其他物体之间的干涉情况。

≫　6.4　海底电缆附属保护设施设计　≪

　　海底电缆线路附属设施一般指电缆线路附属装置及其部件，包括电缆终端站、接地装置、供油装置、保护设施、监控设施、警示装置、电缆隧道、电缆竖井、排管、工井、电缆沟、电缆桥架等。其中，电缆线路的陆上通道电缆隧道、电缆竖井、排管、工井、电缆沟、电缆桥架等，与陆缆线路基本一样，设计方法和设计原则也基本一样，在本书中不再赘述。以下针对海底电缆线路特有的一些附属设施的设计工作做简要论述。

1. 海底电缆终端站

设置于变电站和发电设施之外的海底电缆终端宜设置专用的围墙式终端站或与架空线相连的终端塔。海底电缆终端区设置终端站或终端塔的地面标高宜大于历史最高潮位时的海浪泼溅高度。终端站或终端塔排水系统应符合设计要求，应满足在暴雨、台风等恶劣天气时的排水要求。典型的海底电缆终端站外景及内部主要设备布置如图6-37所示。

图6-37　典型的海底电缆终端站外景及内部主要设备布置示意

终端站防雷、防火、防小动物的措施应齐全；海底电缆终端支架等金属部件防腐层完好；海底电缆管口封堵密实。

2. 海底电缆锚固装置及锚固工作井

海底电缆在登陆后或引上海上平台后，都需对海底电缆进行锚固固定，海底电缆的锚固主要通过锚固装置将海底电缆的铠装进行截断剥离后锚固，将海底电缆末端的受力通过铠装传递到锚固装置上。因此，锚固装置需承受较大的拉力，这些拉力需传递至锚固工作井或者海上平台的固定部位上，故锚固工作井或平台锚固部位的机械强度需按照所需承受海底电缆拉力、并考虑一定安全系数后来开展强度设计。海底电缆锚固装置及锚固工作井如图6-38所示。

3. 海底电缆线路专用标志设计

海底电缆线路建成后，为加强水上尤其是近岸段的海底电缆保护，一般会设置海底电缆线路专用标志，最常用的标志为设立在岸端的禁渔禁锚标识。一般专用标志的设计工作是由具备相应海事设施设计资质的单位来承担的。

图 6-38　海底电缆锚固装置及锚固工作井

根据国标规范《中国海区水上专用标志》(GB 4696)第八章"专用标志"，专用标志不是为助航而设，主要用于指示某一特定水域或特征，规定了 7 种情况需要设置专用标志，其中对水中构筑物，电缆、管道、进水口、出水口等规定为：

（1）标志颜色：黄色。

（2）标记特征：▲形。

（3）灯色灯质：黄光，莫尔斯信号 C—•—•—，周期 12s。

又可参考《内河专用标志》(GB5863)第六章专用标志规定了管线标和专用标。其中对管线标规定为：

（1）标志功能。设在需要标示跨河管线（即管道、电缆、电线等）的两端或一端岸上或设在跨河管线的上、下游适当距离的两岸或一岸，禁止船舶在敷设水底管线的水域抛锚、拖锚航行或垂放重物，警告船舶驶至架空管线区域时注意采取必要的措施。

（2）标志形状。两根立柱上端装等边三角形空心标牌一块，设在跨河管线两端岸上的标牌与河岸平行，设在跨河管线上、下游的标牌与河岸垂直。标示水底管线的三角形标牌尖端朝上，标牌下部写"禁止抛锚"；标示架空管线的三角形标牌尖端朝下，标牌上部写"架空管线"。

（3）标志颜色。立柱为红、白色相间斜纹，标牌为白色、黑边、黑字。

（4）灯色灯质。标牌的三个顶端各设置白色（红色）定光灯一盏。（最近修改提出用红色定光效果好。）

典型的海底电缆线路禁锚标志示意如图 6-39 所示。典型的海底电缆线路禁锚标志示意如图 6-40 所示。

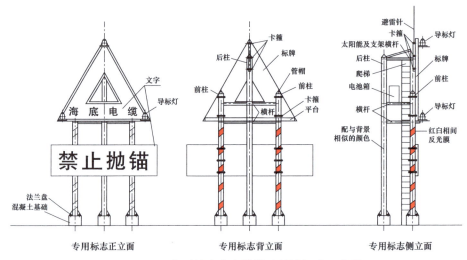

图 6-39 典型的海底电缆线路禁锚标志示意图

除此之外，根据海底电缆路由管理需要，还可以在海中段设置路由标志浮标等其他标识，典型海上浮标示意如图 6-41 所示。

图 6-40 典型的海底电缆线路禁锚标志示意图

图 6-41 典型海上浮标示意图

7

海底电缆在线监测设计

　　海底电缆作为连接陆地与海岛、海岛与海岛、陆地与海底设施之间的重要能源和通信传输设施，在现代社会中扮演着至关重要的角色。海底电缆历经长年运行，自身会出现异常发热、绝缘劣化、线路故障等问题，并且由于海底自然环境恶劣、存在许多不可预见性，经常遭遇洋流、潮汐、船锚和捕鱼作业等侵害造成事故，海底电缆受损后维修周期长、成本高，经济损失大。相比于陆上电缆，海底电缆运维监测难度更大。海底电缆在海洋环境中工作，直敷或埋敷于海床中，人工无法直接巡视检查。海洋勘测等海上、海中作业受气候、海况、交通工具等影响，不确定性相对较高，因此，海底电缆在线监测对海底电缆系统的安全运行至关重要。我们不仅需要监测海底电缆系统（包括海底电缆本体、接头、终端和接地）本身的实时状态，还需要对海底电缆路由区域的海面环境状况进行在线监测。行业内把环绕海底电缆的一定距离内的海床、海中、海面的空间称作海底电缆通道。一旦海底电缆路由确定，施工完毕后海底电缆通道也就确定。海上海底电缆通道的监测也是海底电缆在线监测的重点，海底电缆锚害和捕鱼拖网作业等外部的侵害是目前国内最主要的海底电缆故障原因之一，通过监测、预警和处理可避免锚害和捕鱼拖网作业等外部的侵害。通过海底电缆及其通道的在线监测，最终可以实现提前预警预防故障、发生故障精确定位、事后取证溯源追责的总体目标，这也契合从"治已病"导向"防未病"的运维思想。

　　海底电缆在线监测的设计和配置不仅要考虑海底电缆的类型和结构，也需要考虑海底电缆的运行场景包括工作要求和环境。本章分别介绍海底电缆系统和通道在线监测的主要技术及其原理，并介绍海底电缆在线监测应用现状，提出了海底电缆综合在线监测系统及其设计原则和典型案例；最后对海底电缆在线监测做了技术和应用的展望。

》 7.1　海底电缆系统在线监测 《

海底电缆在线监测技术主要包括分布式光纤传感技术、电磁类传感技术等技术。分布式光纤传感技术，主要针对光纤复合海底电缆，其中光纤既作为传感元件，又作为传输元件。分布式光纤传感可以实现对光纤全长范围内的温度、应变、振动、声波等物理参量的实时监测，具有高灵敏度、高分辨率、全方位覆盖无盲区等优点。分布式光纤传感技术主要包括光时域反射技术（Optical Time–Domain Reflectometer，OTDR）和光频域反射技术（Optical Frequency Domain Reflectometry，OFDR）两种。OTDR 技术是利用 OTDR 设备对光纤中的后向散射信号进行分析，从而实现对光纤全长范围内的温度、应变、振动、衰耗等参量的监测。而 OFDR 技术则是通过调制频率的探测光对光纤中的散射信号进行分析，可以实现对光纤中每个微小区段的反射信号进行高分辨率的频谱分析，从而得到光纤中各点的物理参量信息。目前 OTDR 技术相对更为成熟，是分布式光纤海底电缆在线监测的主流技术。电磁类传感技术是指应用电磁学原理的传感器，感知海底电缆在发生故障前的电磁征兆，及在故障发生后定位故障点，主要包括局部放电监测、故障录波、分布式故障定位、接地电流监测等技术。需要注意的是，电磁传感器由于受安装位置的限制，需要考虑海底电缆长度、结构和材料、外部环境（如水温、盐度等）、电磁干扰、信号频率等导致的电磁信号衰减，以保证监测有效性。

以下将从海底电缆本体监测和海底电缆终端监测分别进行阐述。

7.1.1　海底电缆本体监测

1. 分布式光纤温度监测

温度监测是确保海底电缆正常运行的关键环节之一。通过实时监测电缆温度，分析运行异常和潜在风险，从而及时采取相应维护措施，将温度控制在允许范围内。不仅可以保障电力传输和通信的连续性，也有效延长了电缆的使用寿命。此外，温度监测还能为优化海底电缆的传输容量提供数据支持，进一步提升系统的运行可靠性。因此，海底电缆温度监测是确保海底通信和电力传输系统安全、稳定、高效运行的必要手段。

分布式光纤温度监测主要利用拉曼散射和布里渊散射效应实现传感功能，在长距离管缆的温度监测领域具有强大优势，并且结合海底电缆结构及环境参数能进一步实现载流量评估。

（1）基于拉曼散射的分布式光纤温度监测。拉曼光时域反射（Raman Optical Time Domain Reflectometer，ROTDR）技术利用激光脉冲沿传感光纤传输，激发脉冲散射光，后向拉曼散射光的斯托克斯（Stokes）和反斯托克斯（Anti–Stokes）光通过波分复用器分离，其中 Stokes 反射光的强度与温度弱相关；而 Anti-Stokes 反射光的强度与传输介质的温度强相关，通过探测两者的光强计算温度，通过光传输时间计算距离。ROTDR 原理如图 7–1 所示。探测过程如下：

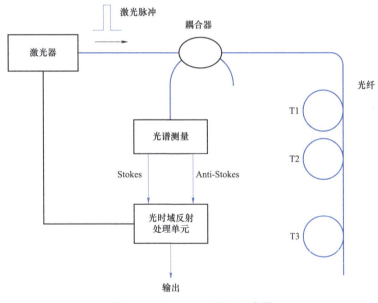

图 7–1　ROTDR 原理示意图

1）激光器发出一束激光，通过耦合器调制后射入测温光纤中。

2）光纤中反射回的拉曼散射光通过光谱分离模块分解成不同波长的 Stokes 反射光和 Anti-Stokes 反射光。

3）通过对两束光信号进行处理和对比计算得出温度沿光纤的分布曲线。

OTDR 定位技术基于时域反射技术，通过发送一束短脉冲光信号并测量光信号在光纤中的传播时间和反射强度来确定光纤中的事件位置。定位技术如图 7-2 所示。

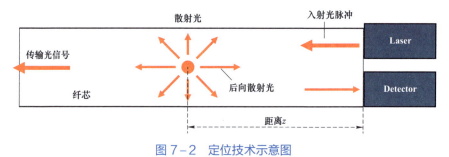

图 7-2　定位技术示意图

距离为：

$$z = TV/2 \tag{7.1}$$

式中　T——两倍的定点位置距离探测端的光传播时间；

　　　V——光纤中光速。

基于 ROTDR 技术的分布式光纤温度监测系统的核心指标包括监测范围、监测精度、定位精度、响应时间等。ROTDR 技术适用于多模和单模光纤，其中多模光纤芯径远大于单模光纤，有较强的弯曲和插入损耗容忍度，在监测精度和响应时间上有明显的优势，因此 ROTDR 技术优先采用多模光纤。

（2）基于布里渊散射的分布式光纤温度监测。（布里渊光学时域分析技术，Brillouin Optical Time Domain Analysis，BOTDA）是一种基于布里渊散射原理的光纤传感技术。该技术通过分析光纤中的布里渊散射光来测量光纤的温度和应变变化。BOTDA 原理如图 7-3 所示。

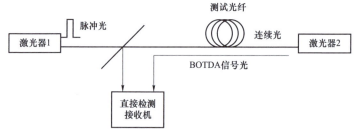

图 7-3　BOTDA 原理示意图

脉冲光和连续光分别从光纤的两端输入光纤，当两者的频差落在布里渊增益谱范围内时，脉冲光和连续光发生受激布里渊散射，两光束会通过受激布里渊散射效应发生能量传递，在脉冲光注入端测量随时间变化的受激布里渊散射信号来获取信息，对获得的光信号进行洛伦兹拟合得到布里渊散射谱的中心频率，从而推算出整条光纤上的温度和应变曲线。配合超长距离的拉曼散射光纤测温系统，可实现温度和应力的解耦，可构建大规模的传感网络，实现大范围连续场全生命周期的实时监测。

基于 BOTDA 技术的分布式光纤温度监测系统的主要指标包括监测范围、监测精度、定位精度、响应时间等。BOTDA 需要单模光纤形成光纤回路进行监测，与 ROTDR 相比，在监测范围、监测精度、空间分辨率上有明显优势，因此在长距离海底电缆监测中，主要采用 BOTDA 技术。

（3）载流量评估。载流量是海底电缆运行中衡量其工作状态的重要参数。载流量过大，会导致海底电缆导体温度过高，损坏海底电缆绝缘，缩短海底电缆使用寿命；载流量过小，则大截面海底电缆得不到充分利用，导致资源浪费，因此稳态载流量评估和过负荷能力评估方法在海底电缆导体截面选择上至关重要。

目前主流技术是通过有限元法进行海底电缆温度场分布的计算，即通过海底电缆等效热阻模型的构建，进行海底电缆载流量评估和过负荷能力评估。有限元法求解温度场的基本思想是把温度场模型离散为有限个子域，而通过有限个温度结点确定表示每个子域的插值函数，最后用这些插值函数来趋近传热方程，达到求解整体方程的目的。这种方法实现了由宏观到微观、由整体到局部的计算思想的转变，通过计算每个结点上的温度来求解整个温度场，获得海底电缆稳态载流量、动态载流量及短时过负荷能力。有限元分析网格划分如图 7-4 所示。

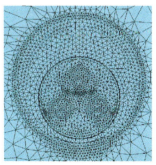

图 7-4　有限元分析网格划分示例

利用有限元法计算出给定电流负荷时的温度场分布，进而计算出电缆加载某电流值时导体的最高温度，再采用迭代法求解电缆的稳态载流量。

已知海底电缆及其周围的初始温度分布，根据海底电缆负荷及其周围环境温度的变化，可以求得各个时间点上的温度向量，求解出整个区域暂态温度场。

利用海底电缆温度未达到运行上限前的时间段，可短期施加超过稳态载流量的电流，依据海底电缆运行过程中导体温度允许的最高值，计算不同过负荷下导体的升温状况，提出海底电缆过负荷评估方法。

上述温度计算方法适用于海上风电、海岛供电以及海洋能源开发等不同场景下不同类型的海底电缆全线温度分布式在线监测。应用于海底电缆的分布式光纤温度监测典型技术参数见表 7−1。

表 7−1　　　应用于海底电缆的分布式光纤温度监测典型技术参数

序号	技术参数	技术参数指标
1	温度测量范围	−40～＋120℃
2	温度测量准确度	允许偏差±1℃
3	最长监测距离	拉曼测温原理的温度监测主机单通道监测范围不小于 10km；布里渊原理的温度监测主机单通道监测范围不小于 60km
4	空间分辨率	海底电缆长度不大于 10km 时，不大于 1m；海底电缆长度 10～60km 时，不大于 2m
5	温度分辨率	≤0.5℃
6	单通道测量时间	在定位准确度为±1m，温度测量准确度为±1℃时，不大于 1min
7	定位准确度	海底电缆长度不大于 60km 时，不大于 1m
8	导体温度计算准确度	允许偏差±2℃
9	单通道响应时间	≤2s
10	报警功能	具备温度超限报警、温升速率报警、温差报警、装置异常报警功能
11	温度超限报警阈值	设置多级报警值，当海底电缆导体温度达到 50℃、60℃、70℃、80℃、90℃时，应报警
12	温升速率报警阈值	海底电缆导体温度上升速率达到因工作电流、环境等因素引起的正常温升速率的 1.2 倍时，应报警
13	光纤类型	单模或多模
14	测量波长	1550nm，1 类激光产品

2. 分布式光纤应变监测

海底电缆应变监测是海底电缆运维管理中的重要环节，它基于光纤传感技术，特别是布里渊散射原理来实现对海底电缆应变的实时监测。布里渊散射是一种光在介质中传播时，由于介质中声子的热运动与光波发生非弹性散射而产生的现象。布里渊散射光的频率与光纤受到的应变和温度有关，因此可以通过测量布里渊散射光的频率变化来推算出光纤的应变变化。

在海底电缆应变监测系统中，利用光纤复合海底电缆内置光纤作为传感单元，当海底电缆受到外力作用传递到光纤，光纤轴向的形变影响布里渊散射光的频率，通过测量这种频率变化，系统可以实时计算出光纤的应变分布情况，并据此判断海底电缆的应变状态。

与传统的电学传感器相比，光纤传感技术具有诸多优势。首先，光纤传感器具有抗电磁干扰、耐高压、耐腐蚀等特点，可以在恶劣的海洋环境下稳定工作。其次，光纤传感器可以实现长距离、分布式监测，能够覆盖整个海底电缆线路，提高监测的全面性和准确性。此外，光纤传感器还具有高灵敏度、高动态范围等优点，能够实时监测海底电缆的微小形变和振动。

随着技术的不断发展，海底电缆应变监测系统已经逐渐成熟并应用于实际工程中。分布式光纤应变监测系统典型技术参数见表 7-2。

表 7-2　　　　　　　　　分布式光纤应变监测典型技术参数

序号	技术参数	技术参数指标
1	应变测量准确度	允许偏差±20με
2	最长监测距离	单通道监测范围不小于 60km
3	空间分辨率	<2m
4	应变分辨率	≤4με
5	定位准确度	海底电缆长度不大于 60km 时，不大于 1m
6	报警功能	具备应变超限报警、装置异常报警功能
7	温度超限报警阈值	支持设置多级报警值
8	光纤类型	单模
9	测量波长	1550nm，1 类激光产品

海底电缆应变系统适用于各种类型的海底电缆，在实际项目的应用选型中，应综合考虑现场被监测海底电缆的类型、场景的需求进行配置。如海上风电场、海岛供电、海洋能源开发中的静态海底电缆，因其形变速率较慢，需要优先考虑更高的应变分辨率和应变测量准确度；而动态海底电缆的监测则需要优先考虑应变监测系统的响应速度以满足实时的应变变化要求。

3. 分布式光纤振动监测

分布式光纤振动监测系统采用了相位敏感光时域反射技术，原理如图 7-5 所示，由探测器接收光纤中的后向瑞利散射光，当光纤复合海底电缆某点位置存在振动时，相应位置的光纤长度和折射率会发生变化，进而导致经过该区域的光信号相位发生变化，通过分析瑞利散射光的相位变化可以定位振动发生的位置。

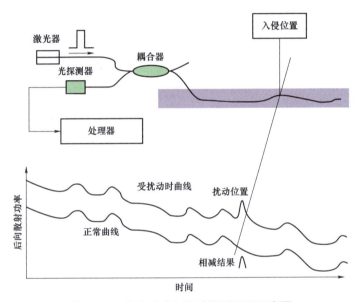

图 7-5　分布式光纤振动监测原理示意图

由于光信号相位变化与振动信号之间存在线性关系，可以由此获得相应的振动强度和频率信息。在此基础上构建大规模的传感网络，运用模式识别技术，还可以对目标的行为进行判断和预测。

振动信号监测和数据分析技术是未来的发展方向，从传感数据中提取海底电缆周边更多的信息对于准确判断海底电缆周边潜在威胁事件的准确预警具有重要作用。图 7-6 所示为海底电缆附近作业船所致海底电缆振动的光纤振动监测图谱。

中国的海岛开发、海上石油平台建设以及海上风电建设正处于快速发展的阶段。以海上风电建设为例，目前中国海上风电开发已经进入规模化、商业化发展阶段，主要布局在江苏、浙江、福建、广东等省市。为了获取更多的海上风能资源，海上风电项目正逐渐向深海、远海方向发展，这将导致海底电缆在近海和远海区域的密集分布。然而，随着海上风电的快速发展，如何制定海底电缆监测设备的选取标准，确保海底电缆安全运行的同时保障敏感船舶信息安全，成为了新的挑战。

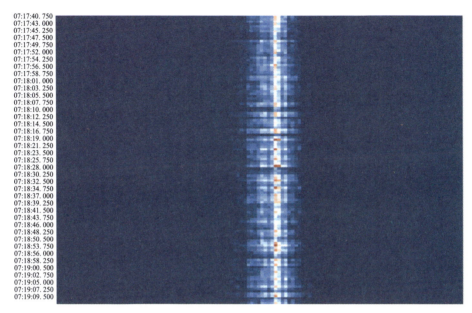

图 7-6　海底电缆附近作业船所致海底电缆振动的光纤振动监测图谱

研究和实践表明，海底电缆振动监测系统既能实时监测海面动态，又能在运营中累积海量数据，因此应当慎重对待，防止泄密。在这一背景下，采用安全、自主、可信、可控的国产化设备显得尤为重要，这不仅可以提高海底电缆监测的效率和准确性，还能有效降低信息安全风险。因此，在制定海底电缆监测设施选取标准时，应充分考虑设备的安全性、自主性和可控性，确保中国海上风电产业的可持续发展。目前分布式光纤振动监测系统典型技术指标见表 7-3。

表 7-3　　　　　分布式光纤振动监测典型技术参数

序号	技术参数名称	技术参数指标
1	监测距离	单通道监测范围大于等于50km
2	定位准确度	海底电缆长度≤30km，不大于30m； 30km＜海底电缆长度≤50km，不大于50m
3	断纤报警定位	具备判别断纤位置功能

序号	技术参数名称	技术参数指标
4	多点振动同时探测能力	当多个位置同时振动时，监测系统应能识别并区分不同位置的振动幅度
5	单通道响应时间	≤2s
6	报警功能	具备振动超限报警、装置异常报警功能
7	模式识别	支持锚害、悬空模式识别
8	光纤类型	单模
9	测量波长	1550 波段，1 类激光产品

4. 故障录波

海底电缆发生故障时产生的光学特性和电气特性是进行故障定位的分析的基础，故障录波器是电力系统发生故障及振荡时能自动记录相应电气特性的一种装置。它可以记录因短路故障、系统振荡、频率崩溃、电压崩溃等大振动引起的系统电流、电压以及其他导出量（如有功、无功及系统频率）的全过程变化现象。故障录波器的功能包括检测继电保护与安全自动装置的动作行为，了解系统暂态过程中各电参量的变化规律，以及校核电力系统计算程序及模型参数的正确性。故障录波器经历了从单片机型到 DSP 型再到嵌入式、数字式或分布式的发展阶段，能够快速准确地定位和分析电力系统中的故障问题，助力提高电力系统的可靠性和稳定性，多年来已成为分析系统故障的重要工具。

故障录波器的作用包括：

（1）通过对录波分析，找出事故原因，制定反事故措施。配备故障录波器后，能够准确及时地分析事故情况，找出事故真正原因，并制定相应对策。

（2）为查找故障点提供依据。根据故障录波图可判断故障性质，直接测算故障点位置，对迅速恢复供电有重要作用。

（3）积累运行经验，提高运行水平。通过统计分析故障录波情况，对继电保护拒动、误动原因及保护原理或逻辑回路上存在的缺陷能及时发现，以便改进。

5. 行波测距

海底电缆通常进行埋设，一旦发生故障，故障点探测技术难度高、耗时长、费用大，降低海底电缆修复及恢复生产的效率。如在故障发生后及时定位故障点，能显著提高故障排除的效率。行波测距技术是一种关键技术，用于定位海底电缆系统的故障。其原理基于行波在电缆中传播的特性，当电缆系统发生故障时，行波测距装置可以通过测量故障点反射的初始行波到达时刻和行波传播速度确定故障位置。

在实际应用中，行波测距技术通常包括超高速数据采集单元和 BD/GPS 时钟单元。超高速数据采集单元用于准确捕获行波信号，而 T–GPS 时钟单元则提供高精度的时间同步信号，确保测距的准确性。当海底电缆系统发生故障时，行波测距装置采集行波信号，并测量故障行波信号的到达时间。单端测试时，通过比较故障行波信号与二次反射信号的到达时间和已知的行波传播速度，系统可以计算出故障点与测距装置之间的距离；双端测试时，比较两台设备的故障行波到达时间差和已知的行波速度，可以计算出故障点与测距装置之间的距离。通常短距离情况下，要求采样速率高于 20MHz，以确保测距误差在 10m 以内。维护人员可以迅速确定故障点位置，有针对性地进行修复，从而最大限度地减少停电时间，降低维护成本。此外，行波测距技术还可以提供实时监测数据，帮助发现潜在问题并采取预防措施，维护系统的长期稳定性。

6. 分布式故障定位

由于存在海–陆缆混合线路和海底电缆–架空混合线路，而行波测距装置通常安装于变电站内，受混合线路阻抗变化的影响，行波故障特征信号在传输过程中常常会发生衰减和畸变。这导致特征信号在传至安装于变电站内的行波测距装置或故障录波装置时，往往不够明显，可导致装置不触发，从而导致定位精度不高或定位失败。近年来，随着行波测距理论的发展和科技水平的提高，分布式故障定位系统逐渐引起人们的注意。

分布式故障定位技术基于双端行波测距原理，结合线路两端串并联设备参数，采用非接触式高频行波浪涌传感器耦合电压和电流行波，并配备带有北斗/GPS 同步功能的采样模块，这些设备分布式安装在电缆段的两端，用于实时采集并记录电缆运行条件下故障击穿产生的暂态信号。海底电缆分布式故障在线监测系统传感器安装如图 7–7 所示。通过双端测距原理，实现对跳闸故障位置的精确测定。

故障暂态信号的获取有间接方法和直接方

图 7–7 海底电缆分布式故障在线监测系统传感器安装

法。目前，故障暂态信号多采用在高压设备的接地线上加装传感器来间接获取，但故障暂态信号经过高压设备时会发生信号畸变，仅在误差允许范围内采用此方法；故障暂态信号的直接获取方法多采用互感器、空间波检测器，罗氏线圈等直接获取线路上的暂态信号，相比于间接获取方法，直接获取方法获取的暂态信号更加真实有效。由脉冲信号等效带宽定义可知，当传感器带宽为100kHz时，其有效传播脉冲的上升时间为3.5μs，由于传感器带宽限制，即使提高数据采集装置的采样率也无法提高测距精度，因此光互感器和罗氏线圈的行波提取方法优于普通互感器和空间波检测的方法。分布式故障定位系统典型技术参数见表7-4。

表7-4　　　　　　　　分布式故障定位典型技术参数

参数名称	电缆故障监测终端
采样频率	100MSPS
工频记录长度	≥500ms
参数名称	测量传感器
行波测量量程	1～2000A
行波测量带	1kHz～10MHz
工频测量范围	10～5000A
工频测量带宽	20～1000Hz

7. 其他

（1）备用纤芯状态监测。光纤复合海底电缆是连接海陆间通信的重要设施，其正常运行对于保障海中通信和数据传输具有重要意义。在光纤复合海底电缆中冗余备用纤芯是用于备用的通信通道，可以在主通道发生故障或异常时起到替代作用，保障通信的连续性和稳定性。

备用纤芯状态监测主要依赖于光纤传感技术和智能监测设备。通过在备用纤芯一端连接传感器，实时监测其光学性能，如光功率、光信噪比等信号的变化，判断备用纤芯是否出现衰减、断裂或链接故障等问题。备用纤芯状态监测如图7-8所示。

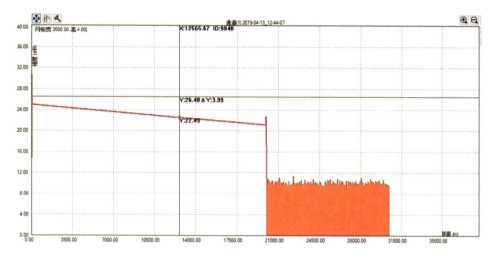

图 7-8　备用纤芯状态监测

智能监测设备将采集到的数据传输到中央处理单元进行分析和处理，当监测到备用纤芯状态异常时，系统能够自动发出预警信号，并准确定位故障位置，有助于运维人员快速记录并采取措施。

因此，对海底光电复合海底电缆中冗余备用纤芯状态监测的重要性不容忽视，可以提高通信系统的可靠性、稳定性和安全性，保障海底通信和数据传输的正常运行。

（2）线型监测。海洋面积广阔，风能资源非常丰富，特别是在离岸较远的深海区域，风速更大且稳定，有利于风力发电机的运行。随着海洋资源的开发和海洋工程建设的加速，海上风电项目由近海向深远海发展。传统的风力发电机组通常安装在陆地或近岸地区，多为固定式基础，而随着深远海海洋能源的开发，漂浮式基础风机成为海上风力发电的重要工具之一。

浮式风机通过系泊系统连接海底，可以在一定程度上抵御风浪等自然因素的影响，从而提高风电场的稳定性和可靠性。区别于固定式基础风机，其在海面存在一定范围的活动空间，随之而来的就是连接风机的电缆从静态缆向动态缆的应用转变。

动态缆是采用浮式风机的海上风电项目中关键部件之一，承担着电能传输的功能，是海上风电和陆上电站间的纽带。动态缆在运行过程中，既要受到波浪、海流等海洋环境载荷的影响，还要顺应浮式基础的运动特性。在浮式基础和海洋环境的联合作用下，动态缆的线型姿态、载荷和应力变化较大，可能导致动态缆疲劳、被破坏而失效。

弱光栅技术（也称为弱反射光纤光栅技术或弱光纤光栅阵列技术）具有强复用能力、高分辨率、高灵敏度、高可靠性等优点，在测量动态缆线型的物理量变化时，具有独特的优势和适用性。

弱光栅技术通过在光纤上刻写光栅，形成具有低反射率的光纤布拉格光栅。当入射光进入这些弱光栅区域时，会反射特定波长的光。当外部物理量（如温度、应变、加速度等）作用于光纤时，反射光的波长会随之变化。通过测量这些反射波长的变化，可以换算出被测物体所受到的物理量变化。

在动态缆的监测中，需在海底电缆中内置多根探测光缆，并成一定角度布置，如图 7-9 所示。

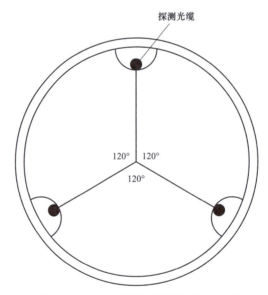

图 7-9　动态缆探测光缆部署示意图

探测光缆尾部通过尾纤连接到调制解调器，进行数据的接收与处理，实现对动态缆线型变化时应变数据的监测，通过数据的解析实现对动态缆线型状态的实时监测。

动态海底电缆线型监测是对海底电缆（尤其是海底电力电缆和海底通信电缆）的实时状态进行监测的一种技术。这种监测技术对于确保海底电缆的安全运行、预防潜在故障以及及时响应突发事件至关重要。

7.1.2 海底电缆终端监测

1. 局部放电

局部放电是海底电缆绝缘老化、损伤以及附件缺陷的早期信号，局放监测对于确保电缆系统的安全和可靠运行至关重要。国内外的运维经验和研究结果表明，局部放电的变化可以有效反映电缆绝缘可能的老化和缺陷，同时也能指示电缆附件的潜在问题，因此被认为是电缆及其附件绝缘状况检测的最佳方法之一。通过及时监测局部放电情况，可以预防潜在事故的发生，延长电缆的使用寿命，同时有效降低维护成本，提高整个电缆系统的运行效率和稳定性。

目前，电力电缆局部放电检测方法主要采用高频电流法。高频电流法是一种非接触式检测方法，其检测频率范围通常为 3～30MHz，利用高频 TA 实现精确的局部放电脉冲信号采集。当高压电缆的绝缘层发生局部放电时，会产生高频脉冲电流信号，这些信号沿着电缆的金属护层传播至电缆两端。通过在高压电缆接地箱的接地线上安装局部放电传感器，利用高频 TA 耦合监测到的高频脉冲电流，实现对局部放电信号的准确监测。高频电流互感器及局放检测原理如图 7-10 所示。

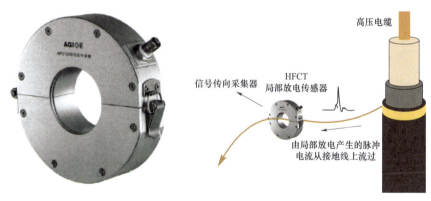

图 7-10　高频电流互感器及局部放电检测原理

在多种电力电缆局部放电带电检测技术中，高频电流法表现出安装方便、调整快速、灵敏性高等特点。技术人员可以相对容易地安装各种传感器，并且能够快速进行调整以适应不同的监测环境和要求；其高灵敏性使得监测系统能够快速、准确地捕捉到局部放电信号的变化。典型局放图谱如图 7-11 所示，从而及时发现潜在问题并采取相应的预防措施，确保电缆系统的安全运行和长期稳定性。因此，高频电流法在海底电缆局部放电监测领域具有重要的应用前景和发展潜力。但海底电缆局放在线监测技术目前成熟度相对不足，需要更进一步研究。局部放电监测系统典型技术参数见表 7-5。

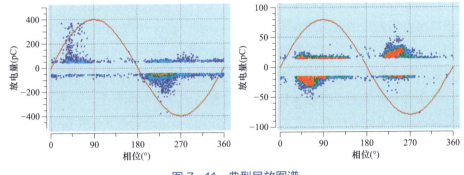

图 7-11　典型局放图谱

表 7-5　　　　　　　　　局部放电监测典型技术参数

参数名称	局部放电采集器
监测通道	局部放电信号：3 通道（ABC 相） 工频相位：1 通道
采样频率	100MSPS
参数名称	局部放电传感器
工作频带	500kHz～50MHz
测量范围	1～10000pC
传输阻抗	>10mV/mA（@10MHz）

2. 点式测温

作为海底输电网络的终端，海底电缆终端是运行中的薄弱环节。由于连接不良或电缆运行异常，海底电缆终端容易出现发热情况。局部温度升高若不及时发现和预警，故障扩大将导致电缆终端烧毁的严重事故。由于海上升压站通常采用无人值守运行模式，因此需要建立一套可行的海底电缆终端测温系统，对电缆终端温度进行实时远程监测，帮助运维人员及时发现问题，保障海底电缆线路的安全可靠运行。

针对上述需求，本节将介绍几种海底电缆终端温度的实时监测方法。通过以下监测方法，可以实时地将电缆终端温度数据传输至陆上集控中心。操作与维护人员能够随时获取温度信息，及时发现并处理温度异常情况，有效预防电缆故障的发生，确保海上风电场的稳定安全运行。

（1）红外热成像测量技术。红外热成像技术是电力设备温度检测的重要手段，由于在电缆运行过程中，电流会在连接点处产生集聚效应导致发热，主要发热点为电缆终端出线处；另一种情况是由于局部放电和介质损耗引起的局部发热，典型部位为电缆终端应力锥。红外成像测温技术是利用红外探测器的光敏元件检测电力设备的红外辐射能量，进而推断设备温度，以辅助判断设备是否存在缺陷。与其他测量方式相比，其技术优势首先是非接触测量，不受待测体形状、结构和尺寸的限制，而且测量精度较高，可以实现在$-20\sim+350℃$下，精度$±2℃$或读数的$±2\%$，已经广泛用于海底电缆终端温度监测、电缆终端漏油、异常发热等监测领域。

但是该技术手段在海底电缆终端监测应用中仍存在不足之处，如测量易受环境因素影响，如目标表面的红外发射率不同会对测温精度有影响需要校准，环境温度对测温精度也会有影响，环境温度越高，由于环境中的红外辐射影响测温会偏高，空气中的水蒸气、CO_2等气体对红外辐射产生吸收现象会导致测温数值偏低。

（2）光纤光栅测量技术。光纤光栅是一种波长调制型的光纤传感器，是通过相位掩膜法、飞秒直写法或者干涉法在光纤纤芯上形成周期性的折射率变化，外界物理量通过调制布拉格光栅的中心波长实现传感。该类型的光纤光栅传感器由于其轻质、体积小、耐腐蚀和抗电磁干扰的特点，以及高性价比，特别适合于恶劣环境下进行连续且高分辨率的温度监测。作为一种新兴的温度检测技术，光纤光栅温度传感器不仅安装简便，而且具有高精度、稳定可靠等优势，能够实现长距离信号传输、多点温度测量，使其在海底电缆终端温度监测中具有一定的优势。根据传感原理，只有满足布拉格条件的光波才能被光纤布拉格光栅反射，具体见下式：

$$\lambda_B = 2n_{eff}\Lambda \tag{7.2}$$

式中　Λ——光栅周期；

　　　n_{eff}——光纤有效折射率；

　　　λ_B——光栅的布拉格波长。

受外界环境影响时，$\Delta\Lambda$和Δn_{eff}分别为Λ和n_{eff}的变化量，$\Delta\lambda_B$为符合布拉格条件的反射波长漂移量。因此通过监测返回光中特殊波长的位移情况可以解析光纤沿线的分布式参数。根据光纤温度变化对波长的影响规律，可以实时监测光纤沿线的温度。通过测量布拉格波长的位移，可以得到光纤沿线的温度分布。

近些年光纤光栅传感技术逐步趋于成熟，国内部分电缆测温项目已经采用了光纤光栅测量系统监测电缆接头及终端的温度，光栅测温系统具有本征安全、测温精度高、定位准确等特点，特别适合于对电力电缆的接头和易发生故障部位进行温度实时监测，是目前电力电缆温度在线监测设备比较理想的产品。但是目前来看，长期稳定且耐高温的飞秒光栅、高稳定的光源、高精度的标准具等光器件制造成本偏高，导致光纤光栅监测系统的造价成本仍然较高。

（3）光纤荧光测温技术。与光纤光栅测温技术相比，光纤荧光温度传感技术是更具性价比的一款测温技术，其是将荧光物质与光纤结合构成光纤探针，利用探针中荧光物质对温度敏感的特性实现温度检测。目前荧光测温的主要方法包括荧光强度法、荧光强度比法、荧光寿命法等。

荧光传感技术所用材料的荧光强度和荧光寿命一般对温度的灵敏度相对较低，且同种荧光物质的不同批次难以实现测温一致，信噪比依赖于高精度的光机系统或纤芯直径较大的光纤。因此，研究不同荧光材料的温敏特性至关重要。需基于海底电缆终端的测温需求，精选适宜的温敏荧光材料，并通过提升探针封装工艺及解调模块的光机械设计，增强探测系统的灵敏度、稳定性、重复性及测温范围等关键性能。此外，信号处理方法的效率直接影响到探针的稳定性与准确性。因此，开发更为稳定有效的信号处理技术亦是光纤荧光温度传感技术进步的重要方向。鉴于光纤荧光温度传感器具有体积小、抗干扰能力强，以及与光纤光栅及其他光谱产品相比成本较低的优势，相信其在电缆终端测温领域将展现更大的潜力。

3. 接地电流检测

海底电缆的金属护层是指海底电缆内部的金属材料层，由铝合金护套、不锈钢加强层和铜导体回流层组成。由于海底电缆的金属护层不宜交叉互联接地，并且通常线路较长，因此会产生较高的感应电压。当海底电缆发生接地等故障时，金属护层上的感应电压会进一步升高。为确保海底电缆安全运行，金属护层的两端必须直接接地或一端直接接地，另一端通过电压保护器接地，与大地形成回路，使接地点电位不超过规定值。这种接地回路将产生接地电流，主要由接地感应环流和接地电容电流组成。在正常情况下，感应电流随负荷电流呈线性变化，而电容电流很小。然而，一旦护层绝缘破损或发生多点接地等故障，这两种电流都会急剧增加。这最终反映在接地电流的增加上，因此通过监测接地电流可以评估金属护层的绝缘状况。接地电流检测传感器采用开合式电流互感器，便于现场安装，护层环流在线监测如图 7-12 所示。接地电流检测典型技术参数见表 7-6。

图 7-12　护层环流在线监测

表 7-6　　　　　　　　　　　接地电流检测典型技术参数

参数名称	环流采集器
电流测量范围	护套环流：0～200A/0～300A
电流检测精度	1 级
参数名称	环流传感器
测量范围	0～200A/0～300A
测量精度	0.5 级
额定电流比	200:1，300:1

➤ 7.2　海底电缆通道在线监测 ◀

海底电缆通道在《海底电缆通道监控预警系统技术规范》（DL/T 2457—2021）有明确的定义，为海底电缆的路由设施，含海底电缆禁锚区域与上岸段、陆上段等部分，海中段包括海上与海下两部分。由于海底电缆大部分的外力破坏源自于通道海域的船舶，因此海底电缆通道在线监测的重点在于船舶的监测和应急处理，一般通过 AIS、视频、雷达等监测技术实现对船舶违章锚泊、作业的监测预警，并通过甚高频、远程喊话等手段对违章船只进行协调处置或驱离。

7.2.1　AIS 监测

船舶自动识别系统（Automatic Identification System，AIS）具有船舶自动识别、通信和导航功能的新型助航系统。AIS 系统由岸基、星基接收设施和船载设备共同组成，安装了 AIS 设备的船舶可周期性地在海上通过 VHF 频道自动向基站及其他船播发本船的动态信息、静态信息、航次信息等相关数据。AIS 采用 VHF 频段，天线的安装高度决定通信传播距离。

岸基 AIS（基站），利用 AIS 具有接收和发送 AIS 报文的功能，在港口、码头等地部署 AIS 设备接收机，自动接收船舶发送的 AIS 报文，然后再对 AIS 报文进行解析。AIS 数据有着速度快、更新及时的特点，特别适合港口及码头的船舶监控。

卫星 AIS，利用在低轨道卫星上搭载高灵敏度的 AIS 接收机，当卫星经过船舶上空时接收船舶的 AIS 信号，并通过地面站将接收到的 AIS 数据分发到各个 AIS 数据中心。现已经覆盖太平洋、印度洋、大西洋等海域，能够准确提供船舶在大洋中航行的信息。

船载 AIS，是一台单独的设备，可以和岸基交流信息，具备自动发送和接收、识别船舶信息并跟踪，包括船型、位置、航向和速度等信息。在很多国家和地区，特别是繁忙的航道和港口附近，船载 AIS 已经成为一项必备的船舶设备。通过船载 AIS，船只可以更好地与其他船只和海上交通管理机构进行通信和协调，减少碰撞和其他事故的发生。

岸基 AIS 系统的典型技术参数见表 7-7。

表 7-7　　　　　　　　　岸基 AIS 系统的典型技术参数

序号	技术参数	技术参数指标
1	点对点告警信息	自动发送
2	发射输出功率	12.5W
3	接收机灵敏度	≤-107dBm
4	频率范围	157.025～162.025MHz
5	定位精度	≤10m
6	定位时间	≤30s

在海上风电场、海岛供电及海洋能源开发项目的建设和运营过程中，海底电缆作为主要的传输手段，需着重考虑海上通道安全和风险管理等问题。在海底电缆周边存在船只活动频繁的区域，如航道、锚区等，船只的航行可能会对海底电缆的建设和运行造成影响和风险，因此，在海底电缆建设中应建设岸基 AIS 系统，该系统对于掌握海底电缆通道区域的船只信息具有以下重要作用：

（1）提高安全性。通过岸基 AIS 监测系统，可以实时掌握海上船只的位置、航向和速度等信息，及时发现船只进入后锚泊或作业造成海底电缆事故。

（2）提高效率。岸基 AIS 系统可以帮助船只更好地规划通航路线，避免对海底电缆的建设和运行造成干扰，提高工作效率。

（3）风险管理。通过监测船只信息，可以及时发现可能存在的安全隐患和风险，采取相应的措施进行预防和应对，保障海底电缆的安全运行。

综上所述，建设岸基 AIS 系统用于监测海底电缆通道区域船只状态，帮助海底电缆运维人员更好地掌握海上船只活动，确保海底电缆的顺利建设和安全运行。

7.2.2　视频监测

海底电缆视频监控系统是一种专为监控海面船只对海底电缆影响而设计的监控系统。该系统集成了高清摄像头、高性能重载云台、智能分析软件等先进设备和技术，能够实现对海面船只进行 24h 不间断的实时监控。海底电缆视频监控系统以其高清晰度、高稳定性、大范围的监控特点，成为了海底电缆监控的重要组成部分。

1. 海底电缆视频监测系统主要功能

视频监测系统主要功能有以下 4 个方面：

（1）高清监控。海底电缆视频监控系统配备高清摄像头，能够捕捉海面上船只的清晰图像，让监控人员能够直观地观察到船只的航行状态、外观特征等信息。

（2）云台控制。系统通过重载云台控制设备，可以灵活地调整摄像头的角度和焦距，实现对海面船只的全方位、多角度监控，这种灵活性大大提高了监控的效率和准确性。

（3）智能分析。系统内置智能分析软件，可以对监控画面进行智能分析，自动识别并跟踪船只，同时识别出异常行为或危险情况，并及时发出报警。

（4）录像回放。系统支持录像回放功能，可以保存监控录像供后续查看和分析，这对于事故调查、取证等工作具有重要意义。

2. 海底电缆视频监控系统优势

虽然岸基 AIS 系统已经为海面船只监控提供了重要的技术支持，但海底电缆视频监控系统在以下方面仍具有不可替代的优势：

（1）直观性。与 AIS 系统相比，海底电缆视频监控系统能够提供更直观的监控画面。通过实时视频传输，监控人员可以直接观察到海面的情况，包括船只的航行状态、周围环境以及任何异常情况。

（2）多功能性。海底电缆视频监控系统不仅具备基本的监控功能，还可以结合其他传感器和算法，实现多种功能的集成。

（3）环境适应性。海底电缆视频监控系统通常具有较高的环境适应性，可以在恶劣的天气条件下正常工作，确保海面监控系统的稳定性和可靠性。

综上所述，虽然岸基 AIS 系统已经为海面船只监控提供了重要的技术支持，但海底电缆视频监控系统以其直观性、多功能性和环境适应性等优势，成为了现代海洋监控不可或缺的一部分。两者相互补充、共同协作，为海面的安全和有序管理提供了有力保障。

7.2.3　岸基雷达监测

雷达是利用无线电波进行目标探测和定位的设备。当雷达设备发射出的电磁波遇到目标物时发生反射，利用反射波发现目标并测定其位置和运动状态。岸基雷达能够不受光照、天气等自然条件的影响而全天候工作，提供远距离监测和追踪能力，其分辨率高、定位精度高，能够实现对海底电缆保护区域的全时段全天候监测。岸基 AIS 系统能够提供船只的自动识别和信息交换功能，但无法覆盖全部船舶，雷达弥补了 AIS 的不足。

岸基雷达监测系统覆盖海底电缆通道区域，实现对进入该区域船舶的监测和跟踪，相较于 AIS 的被动接收信息，雷达监测系统对船只位置和运动状态实现主动的、更精准的监测。能够为海底电缆运维单位提供更好的决策依据，为海底电缆通道区域的船舶抛锚、拖网等风险事件提供预警。随着海洋经济的不断发展和海上交通的日益繁忙，船舶对海底电缆造成的威胁逐渐增加，建设雷达监测系统将成为海底电缆监控的重要趋势。

7.3 海底电缆综合在线监测系统

以上所述的各种海底电缆在线监测技术和系统，需要通过整合一套包含 GIS 海图的海底电缆综合在线监测系统集成，才能够实现直观的数据展示和查询，提高实时综合监控的响应速度，便于海底电缆危险状态综合研判和定位，增强监管一体化协同管理能力，提高海底电缆在线监测的及时性、全面性和准确性。

海底电缆本体的分布式光纤振动监测结合海底电缆通道的船舶监控，通过 GIS 二维电子海图融合展示，可以达到最大的海底电缆锚害预防效果；通过温度、振动等多源数据结合海底电缆负载数据、水文信息，应用最先进的 AI 技术，可以实现海底电缆埋深的实时监测。要求海底电缆综合在线监测系统能够支持动态扩容、开放共享、易于扩展，能够融合不同的传感技术，并且拥有多维度的报警策略与专家诊断功能，简单易用，真正实现海底电缆的全生命周期管理。海底电缆综合在线监测系统的设计与配置需要进一步评估海底电缆结构、运行环境，并结合经济性、先进性进行综合考虑。

以下将从系统架构、部署要求、展示使用、监测运维以及多源信息融合智能分析等方面介绍综合在线监测系统，并总结了系统设计原则包括配置原则，最后简单介绍了典型应用案例。

7.3.1 系统介绍

1. 系统架构

海底电缆综合在线监测系统一般采用 B/S 架构设计，系统框架分为五层，自下而上分别是感知层、传输层、数据层、平台层和应用层，海底电缆综合在线监测系统架构如图 7–13 所示。

其中各层的介绍如下：

（1）感知层：感知层位于场站端，通过各类主机、采集器、传感器、基站进行数据采集，实时感知海底电缆系统运行状态、海底电缆通道周边船舶动态信息等，并将数据实时上传给平台，实现对海底电缆的综合监测。

（2）传输层：传输层采用有线或无线的方式连接感知层，通过适配各种接口协议接入感知层设备采集到的监测数据，传输层是数据传输的通道，负责保障站端感知层数据的实时传输。

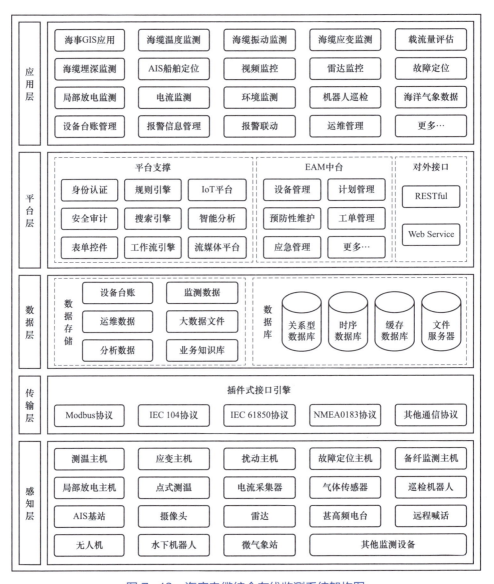

图 7-13　海底电缆综合在线监测系统架构图

（3）数据层：数据层是一系列按照平台资产管理、集中监控、运维功能编排的数据库，根据数据访问的频度设计不同的存储策略，采用分库分表设计，避免单表瓶颈，提高数据访问效率。综合在线监测系统涉及的数据库包括设备台账库、监测数据库、运维管理库、GIS 数据库等。

（4）平台层：平台层包括各类支撑应用模块实现的公共基础平台、支撑系统运维管理功能的 EAM（企业资产管理系统）中台，以及用于业务数据流转的对外接口等。

（5）应用层：应用层是与用户业务相关的功能模块集合，主要包括 GIS 海图、设备管理、报警管理、海底电缆本体监测、海底电缆终端监测、船舶定位、运维管理等。

2. 部署要求

综合在线监测系统的典型部署要求见表 7－8。

表 7－8　　　　　综合在线监测系统的典型部署要求

运行的硬件环境	CPU：8 核 16 线程处理器，主频 3.2GHz 内存：32GB 硬盘：2TB RAID：缓存 1GB
软件运行平台/操作系统	CentOs 7.9
软件运行支撑环境/支持软件	Web 应用服务器：Tomcat 8.5.59 代理服务器：Nginx 1.22.0 关系型数据库：PostgreSQL 12.11 时序数据库：TimeScaleDB 2.3.0.1 缓存数据库：Redis 5.0.5 消息中间件：ActiveMQ 5.16.5 浏览器：Chrome_85.0.4183.83

3. 展示使用

综合在线监测系统的展示页面主要包括 GIS 海图、报警管理、海底电缆温度监测、海底电缆振动监测、应急指挥调度、工单管理等，其中：

（1）GIS 海图是在线监测系统的主页面，系统加载 S57 标准电子海图显示航道、锚区、水深等信息，根据设备台账配置绘制海底电缆路由、升压站、风机、电子围栏等，通过 AIS 数据的接入动态绘制船舶实时轨迹，海事 GIS 应用界面如图 7－14 所示。

（2）报警管理页面显示实时报警详情，包括海底电缆本体报警、船舶预警、装置故障等，报警信息包含时间、类型、等级、位置、报警值等，并支持报警复位、转运维、查看报警前后监测数据等操作，报警管理界面如

图 7-15 所示。

图 7-14　海事 GIS 应用界面

图 7-15　报警管理界面

（3）海底电缆温度监测页面显示各海底电缆的实时温度、历史温度、特征值等数据，并支持查看指定位置的历史温度变化曲线，图 7-15 海底电缆温度监测界面如图 7-16 所示。

（4）海底电缆振动监测页面显示各海底电缆的实时振动图谱和历史振动图谱，以瀑布图的形式反映海底电缆各位置随时间的受振动情况，海底电缆振动监测界面如图 7-17 所示。

图 7-16 海底电缆温度监测界面

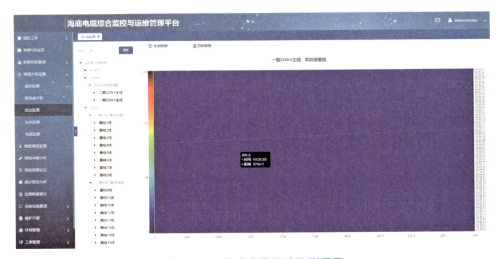

图 7-17 海底电缆振动监测界面

（5）应急指挥调度包含甚高频（Very High Frequency，VHF）与远程喊话系统，支持人工喊话、条件触发的预设自动喊话，并可记录和查询历史录音文件。

当有船只进入海底电缆通道区域或禁锚区时，系统自动进行报警，通过 VHF 通信频道进行喊话驱离，从而确保海底电缆的安全运行。

远程喊话系统主要包括主控设备、音源设备、通信链路、高音喇叭以及相关配件组成，高音喇叭部署于重点位置，通过主控室预设音频播放或人工远程喊话。应急指挥调度界面如图 7-18 所示。

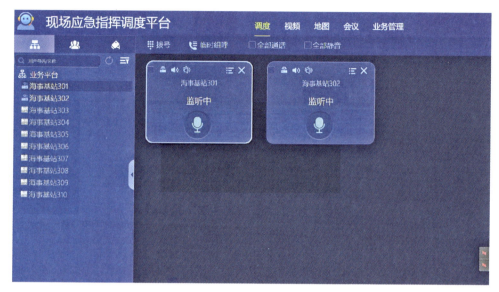

图 7-18 应急指挥调度界面

（6）工单管理页面包含工单类型、负责人、执行人、工作内容、工单状态、维护对象信息、工单报告、物料信息等内容，根据用户角色区分流程权限，流程权限包括工单的创建、审批、发布、执行、审核、关闭等。工单管理界面如图 7-19 所示。

图 7-19 工单管理界面

4. 海底电缆运维监测

在线监测海底电缆运维管理子系统基于 EAM 管理理念设计,旨在对设备资产进行全生命周期的管理,建立标准化、精细化、智能化的资产管理体系。该系统以工业物联网管理平台为支撑,以设备标准编码为基础,以工单为主线,融合大数据、智能分析等技术,建立包含故障处理、计划检修、预防性维护、故障诊断等模式的体系化维修策略,实现从被动性维修到预防性维护的转变。通过将设备实时监测与资产运维管理深度融合,以提高维修效率,降低总体维护成本,提升设备可靠性,实现资产管理的持续优化。

在线监测系统中海底电缆运维管理主要包括设备管理、巡检管理、预防性维护管理、缺陷管理、隐患管理、故障管理、事后维修管理、应急管理、文档管理等功能模块,运维管理系统架构如图 7-20 所示。

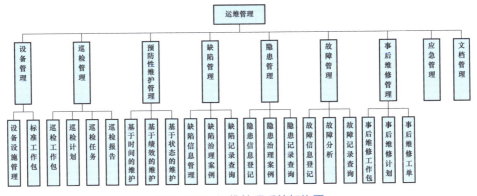

图 7-20 运维管理系统架构图

其中各模块的介绍如下:

(1)设备管理。设备管理模块主要包括设备设施管理和标准工作包。其中,设备设施管理主要是对设备的所有基础数据进行管理,如供应商、保修信息、备品备件、状态检测测点信息、型号规格、技术文档、维修费用等。同时将与设备设施有关的缺陷、隐患、故障、维修、巡检等运维记录进行关联,便于查询设备的运维情况;标准工作包是结合厂商的设备保养手册、国家规范、维护人员以往经验,定义明确的设备维护标准,譬如定期更换备件的频率、周期、所属物料、工种、工时,对于每项维修,形成由标准工作包组成的最终标准作业流程 SOP,通过工单的方式执行落地,标准工作包的应用是企业维护标准化的重要标准之一,同时也是企业知识积累的过程。

（2）巡检管理。巡检管理模块主要包括巡检工作包、巡检计划、巡检任务、巡检报告等功能，是制定巡检计划，分配巡检任务，执行巡检标准工作包，最终生成巡检报告的流程。同时，系统还可将机器人和人工巡检有效结合，在一些危险或复杂的环境中通过机器人完成巡检工作，减少人员伤害的风险，提高工作的安全性。

（3）预防性维护管理。预防性维护管理模块分为基于时间、基于绩效、基于状态三种，对关键或重点设备采取按照定期、定工作量或者监测状态策略，选用标准工作包进行维护。在下次维护到期前，可以向运维人员发出预警，提示运维人员及时进行维护，从而为设备能够安全、可靠、高效运行提供保障。

（4）缺陷管理。缺陷管理模块是针对目前存在的缺陷进行信息登记并记录整个缺陷闭环处理的过程，对于典型的缺陷可以形成缺陷治理案例，作为日后再次处理该类缺陷的参考。主要功能包含缺陷信息管理、缺陷治理案例、缺陷记录查询、缺陷基础配置。

（5）隐患管理。隐患管理模块是针对巡检排查出来的隐患进行信息登记、确认、整改、检查、关闭的流程，对于典型的隐患可以形成隐患治理案例，作为日后再次处理该类隐患的参考。主要功能包含隐患信息登记、隐患治理案例、隐患记录查询、隐患基础配置。

（6）故障管理。故障管理模块是对日常运维过程中发现的设备故障信息进行归档管理，通过故障登记、故障分析等环节形成标准化的故障处理流程，并可以按故障类型、故障原因、故障发生时间、处理状态查询故障记录。

（7）事后维修管理。事后维修管理模块是在设备发生问题后再进行修理的一种维修方式，通常在巡检或预防性维护中发现的设备缺陷、隐患和故障，通过指派事后维修工单的方式进行隐患整改、设备消缺处理、故障抢修等。

（8）应急管理。应急管理模块用于面对突发事件如自然灾害、重特大事故、环境公害及人为破坏的应急管理、指挥、救援计划等，针对编制的应急预案可以组织应急演练，以保证预案的可行性。应急预案编制包含预案类型、预案等级、事件类型、物资点、指挥部、抢修队伍、抢修专家、抢修人员、抢修车等信息，并可以通过审批流程管控应急预案的质量。

（9）文档管理。文档管理模块是对各种资产相关文档（包括设备图纸、技术资料、安装教程、安全生产规范、培训文档等）进行有效控制和组织，方便检索和查看。

5. 多源信息融合智能分析

海底电缆运行环境呈现复杂、动态的特征，使得海底电缆面临遭受海洋自然环境与人为活动双重破坏的风险。充分利用海底电缆综合在线监测系统接入的多种传感器，对不同传感器采集的数据进行筛选、处理与融合，能够实现船舶锚害、渔网拖曳、海底电缆裸露等海底电缆异常情况的识别与报警，防范海底电缆受损产生缺陷及发生故障，降低海底电缆运行风险，保障电网系统的安全稳定运行。

（1）海底电缆锚害智能分析。海底电缆锚害智能分析系统是在海底电缆监控与运维场景下，以 AIS 和分布式光纤振动监测为主体，全方位实时监测海底电缆通道区域船舶动向及海底电缆状态，通过人工智能算法自动预警、精准识别定位锚害事件，并对船舶进行目标融合识别、航行状态记录以实现锚害事件可追溯；系统结合甚高频电台、远程喊话等装备，在锚害风险的不同阶段自动向船舶发出驱离海底电缆通道区域、砍锚等警告信息，进一步降低海底电缆损伤风险。

海底电缆锚害智能分析系统主要由海底电缆本体监测、船舶目标融合识别、船舶警告三部分组成。海底电缆锚害智能分析系统架构如图 7－21 所示。

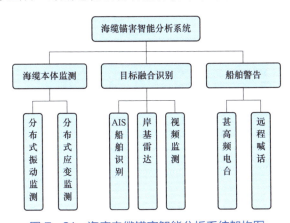

图 7－21　海底电缆锚害智能分析系统架构图

海底电缆本体监测模块包含分布式光纤振动监测和分布式光纤应变监测。振动监测采集船舶在不同航行状态下传递至海底电缆的声波并智能分析其声学特性，精准研判船舶的航行、锚泊及起锚等航行状态；应变监测采集海底电缆遭受牵拉时光单元的应变，辅助判断海底电缆的形变状态。

船舶目标融合识别包含 AIS 船舶自动识别、岸基雷达和视频监测。AIS 对船舶的位置、航向、航速等进行判断，分析海底电缆通道区域内船舶的停泊和抛锚意图；岸基雷达实现对海底电缆通道区域所有船舶的全时监测分析，弥补船舶关闭 AIS 时无法监测及船舶低速行驶时 AIS 状态更新慢的不足；视频监测跟踪拍摄海底电缆通道区域内船舶，有利于在锚害事件后进一步确定肇事船舶。

　　船舶警告模块主要包含其高频电台和远程喊话。目标融合识别模块及海底电缆本体监测模块综合研判船舶行为后，通过对海底电缆通道区域内船舶发送消息的方式，警告船舶不要在海底电缆附近滞航及抛锚，警告船锚已牵拉海底电缆的船舶停止起锚。

　　海底电缆锚害智能分析系统将各监测子系统的传感信息进行处理和融合，进而得到比单一监测子系统更可靠和稳定的锚害监测预警能力，海底电缆锚害事件报警案例如图 7-22 所示。该系统中各监测子系统的信息宜在决策级融合，每个监测子系统分别进行特征提取和识别，再进行联合锚害研判，系统容错能力、灵活性高，在实际部署中可以灵活选择和配置监测子系统。

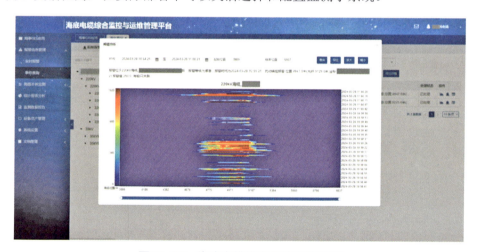

图 7-22　海底电缆锚害事件报警案例

　　（2）海底电缆埋深监测。海底电缆埋深监测系统是在海底电缆监测运维场景下，提供在线监测海底电缆埋深状态及长期演化的产品。该产品主要与海底电缆分布式光纤温度监测系统配套使用，提供海底电缆的埋深在线监测、埋深异常识别与报警、埋深状态查询等功能，支持高效便捷获取海底电缆埋深状态及其演化，以实现针对海底电缆埋深状态的主动维护，并有助于优化定期维护策略、减少非计划停产，缩减运维成本和产能损失。

海底电缆埋深监测系统结合海底电缆初始埋深、敷设方式及环境信息、海底电缆结构及热力学参数、海底电缆负载条件，建立海底电缆在各敷设环境下的稳态有限元热力学模型，再通过海底电缆负载数据、海底电缆温度数据及环境温度变化长期持续分析，得到海底电缆埋深分布及其演化，海底电缆埋深监测精度一般优于±0.5m，海底电缆埋深监测案例如图7−23所示。

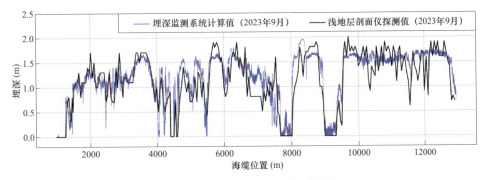

图 7−23　海底电缆埋深监测案例

海底电缆埋深监测系统主要提供海底电缆埋深在线计算、海底电缆埋深报警、海底电缆埋深查询、海底电缆埋深分析报告等功能。海底电缆埋深在线计算具备对海底电缆不同敷设环境、不同敷设方式分别进行分析的能力。例如，对登陆段、海中段，或者铺设、套管、埋设等不同情况可分别分析；海底电缆埋深报警功能支持分区设置报警策略，为海底电缆设置埋深多级阈值报警策略或埋深变化趋势预警策略；海底电缆埋深查询支持查询海底电缆实时和历史的埋深信息、埋深报警信息；海底电缆埋深监测系统能够定期或按需出具海底电缆裸露、浅埋及埋深裸露风险的评估报告，为海底电缆监测运维活动提供决策依据。

7.3.2　设计原则

海底电缆综合在线监测系统的设计应当遵循安全可靠、技术先进、经济合理的原则，以有效提高海底电缆的安全性和可靠性，保障海底电缆的正常运行和维护，在有效提升监测效率和管理水平的同时降低系统建设和运维成本，实现系统的长期稳定运行。

首先，应当确保平台系统及设备的可靠性和稳定性，以保证对海底电缆状态的准确监测和及时报警。海底电缆监测系统一般部署在海底电缆终端位置，地处海上或者海边环境，设备需要考虑防潮、防霉菌、防盐雾等三防需求，并保证在正常使用条件下的电气安全、长效性和功能要求。

其次，海底电缆监测系统需要采用高精度、高灵敏度的监测技术和设备，以实现对海底电缆状态的实时、全面、精确监测。同时，系统还需要具备数据分析和智能诊断功能，能够对监测数据进行深度分析，提供准确的海底电缆状态评估和预警信息，减少系统误报率和漏报率，及时发现海底电缆问题并采取措施，保障海底电缆运行安全。

最后，系统设计应考虑成本效益，选择适合的监测设备和技术，以降低系统建设和运维成本；应合理布局，避免过度冗余和浪费，提高系统利用率和成本效益。由于海底电缆的设计寿命在二十年以上，系统还应当具备更好的可扩展性和升级性，可以根据实际需求进行系统扩展和升级，延长系统使用寿命，提高系统的可持续性。

1. 系统配置原则

基于最基本的安全保障和经济性考虑，目前海底电缆温度监测、振动监测，以及 AIS 船舶监测系统是海底电缆监测系统最基本的配置。如何选择合适的设备配置以及增配需求则需要考虑应用场景的特性，包括海底电缆长度、敷设方式、海底电缆回数、海底电缆结构、海域环境特点（地质条件包括自然灾害、海床冲刷、地形地貌、冲淤活动性、气象、水文等，路由区海洋开发情况如渔业、海上交通、海上工程、锚地距离等自然和人为因素），进行综合考虑。

（1）海底电缆长度。对于分布式光纤传感来说，光纤越长，测量光电信号越为微弱，对光电器件的要求越高，成本越高。而监测距离和传感精度、空间分辨率以及响应时间互相制约。当海底电缆长度小于 10km 时，可以采用 ROTDR 原理的测温设备，经济性更高；超过 10km，就需要采用 BOTDR/A 原理的设备。当海底电缆长度超过设备监测距离时，可以采用双端测量的方式进行配置，但必须保留足够多的光纤数目，这在设计之初就需要考虑到。

（2）敷设方式。目前海底电缆采用最多的敷设方式是埋敷，少数采用抛敷。埋敷足够大的深度可以使得海底电缆尽可能少地面对外部的威胁，如锚害等，也使得受外部洋流的影响较小，振动监测系统可以设置较为灵敏的阈值，以获得良好的监测效果，由于干扰比较少，对振动监测系统的干扰过滤以及事件识别要求也较低，可以选择较为经济的设备。

（3）海底电缆回数。目前大多通过一套设备采用多通道模块复用分时测量来实现多条海底电缆的监测，以提高经济性。复用通道数越多、各通道监测距离差异越大，则通道之间的一致性更难保证。另外，更多的通道也会使得轮询测量周期更久。因此，需要合理选择通道数，并将长度近似的海底电缆放在同一台设备上进行监测。比如在海上风电场景中，集电线路的长度一般为数公里，主缆则是数十公里，一般需要两套设备对两者分开进行监测。

（4）海底电缆结构。海底电缆导体、绝缘、金属套、铠装、光单元等的类型和特性对海底电缆监测系统也有所影响。分布式光纤传感设备受光纤的相对位置、光纤类型以及海底电缆结构参数直接影响。光纤在海底电缆中的相对位置以及海底电缆结构热参数，决定了如何应用分布式光纤测温的结果来计算海底电缆导体的温度，也影响到动态载流量的评估。三芯海底电缆中三相导体呈三角形排列，光单元在相邻导体间隔分布。当三芯海底电缆某一相导体相地击穿时，短时间产生的热量使得靠近该相导体的光纤温度上升较高，而远离该相导体的光纤温度变化较少，后者可能难以测到温度变化。为更好地防护海底电缆，如具备条件，建议对于每回三芯海底电缆分别独立监测两个光单元中的光纤温度。

不同模量的材料和结构也影响光纤对外部振动的感知。在单芯交流海底电缆中，光纤一般位于铠装层，贴近海底电缆外部，易感知外部的振动和冲击，但由于电磁场不平衡，易受到电动力导致的振动，从而影响锚害以及其他外部伤害的监测；而三芯海底电缆具备电磁场平衡的特点，则不存在该问题。光纤在光单元中的余长情况，决定了光纤对海底电缆应力感受的敏感程度。在海底电缆锚害初期，分布式光纤温度应变监测系统一般都无法感知到应变的变化；而在后期，往往光纤能监测到应变变化。交流海底电缆接地电流测量不能采用交流电流互感器，而需要采用霍尔传感器。相较于静态海底电缆，除了典型的温度、应变、振动监测以外，动态海底电缆的材料疲劳状态评估更为关键，因此需要增加动态应变以及线型的监测。

（5）海域环境。海洋环境各种自然以及非自然的因素，容易造成海底电缆不同的外部破坏。在洋流冲刷严重的海域，海底电缆即使已经埋敷较大的深度，也极易遭受冲刷裸露的风险，应该注意海底电缆埋深的监测。在海洋经济发达地区，如海底电缆登陆点靠近港口，海底电缆路由穿越航道或者靠近锚地等情况下，海底电缆通道上的船舶数量巨大，船舶带来的外部破坏的风险急剧增加。

海底电缆监测需要完善的船舶监测系统，包括 AIS、视频、雷达等，配合 VHF 等通信协同设备，实现海底电缆的安全防护。

2. 应用场景分析

不同应用场景下海底电缆的主要在线监测技术选择见表 7-9。

表 7-9　　　　　　　　　不同应用场景的监测技术选择

应用场景 监测内容	温度	应变	振动	线型	埋深	故障 定位	局放	接地 电流	AIS	视频	雷达
跨海电网互联	√	√	√	–	√	√	○	√	√	○	△
海上风电	√	√	√	–	√	√	○	√	√	△	△
海上平台	√	√	√	○	√	√	○	√	√	△	△
浮式设施	√	√	√	√	–	√	○	√	√	△	△
其他海底电缆	○	○	○	○	○	○	○	○	√	△	△

注：√为"应当配置"，○为"推荐配置"，△为"可以配置"，–为"无需配置"。

大多数场景下，温度、应变、AIS 等监测为必需配置，振动、埋深、雷达等监测和 VHF 喊话为推荐配置，以实现基本的安全防护。由于海底电缆运行中产生热、电、光、声、振等现象，除上述技术以外，接地电流监测、分布式故障定位（如长度在 40km 以内）、局部放电监测（对于接头及其上岸段的海底电缆监测）是很好的在线监测补充，特别是在没有光纤单元的情况下。线型监测、视频、雷达则是针对一些特殊的场景。以下分别做进一步阐述。

（1）跨海电网互联。中国电力行业标准《DL/T 2457—2021　海底电缆通道监控预警系统技术规范》给出了典型的系统配置，包括雷达监测、AIS、视频监测、振动监测、电缆温度监测、应力监测等单元。标准中给出了监测系统的功能、监测项目、工作条件、技术要求、监测单元功能要求、试验要求。对于大陆和岛屿连接的联网工程，海底电缆通道上船舶较多，埋深监测以及船舶监测非常重要，因此埋深监测为必需配置，如果有条件，视频和雷达推荐配置，尤其是海底电缆登陆点在港口附近的情况。

（2）海上风电。中国能源行业标准《NB/T 11299—2023　海上风电场工程光纤复合海底电缆在线监测系统设计规范》中规定海上风电海底电缆的在线监测系统宜由振动监测、温度监测、埋深监测、船舶监控及综合监控平台等构成。海上风电主缆一般采用双回的方式，随着近海的风资源开发完毕，目前主缆大多已超过 40km，因此主缆一般采用 4 通道的测温长距离设备，2 通道振动设备。

对于超长距离海底电缆，如百公里的柔性直流海底电缆，则需要采用两端设置设备采用双端对测的方式完成监测。

海上风电的集电线路海底电缆数目众多，海底电缆串接多，单根线路的电流变化较大，始端到末端运行电流依次减小，因此与主缆监测有不同。光纤链路上的连接点多，整体链路衰耗不理想，因此要求光纤链路以全熔接的方式连接。测温可选用 BOTDA 对整个线路进行监测，或者只监测首台风机到海上升压站这一段海底电缆的温度（当距离为数公里时，可选用 ROTDR 设备），而振动则需要对整个线路进行监测。温度监测应当选用 8 通道以下的设备，非特殊情况不得超过 16 通道；振动监测选用 4 通道设备，非特殊情况不得超过 8 通道，以满足报警的实时性。由于风机到风机之间的海底电缆距离较短，可以应用分布式故障定位，以进一步降低运维的负担。

值得注意的是，由于海上风电场风机众多，施工建设期长，施工船作业区域时常和海底电缆通道有交叠，海底电缆遭受锚害的风险大。近年来有些海上风电项目因监测部署得不够及时，项目所属的施工船只给海底电缆造成了锚害。因此海底电缆监测不仅要在海底电缆投运时及时上线，在海底电缆敷设过程中，也建议进行监测，即使是最基本的 AIS 船舶监测也能发挥较大的作用。

（3）海上平台。传统的海上油气生产平台，采用化石能源提供电能，只有动力平台和生产平台之间的中短距离海底电缆需要监测。近年来，国家推广岸电入海，实现能源清洁，海上平台和大陆之间有长距离海底电缆需要监测。海上平台一旦生产，海底电缆电流变化相对稳定，只有在扩产增容的时候需要评估载流量，对于动态载流量评估的需求并不大。海上平台处于深远海，海底电缆锚害风险相对较低，仅需要靠近登陆点位置的区域进行船舶监测。平台之间的海底电缆连接较多，长度不长，往往会形成连续"手拉手"的情况，因此可以通过优化监测设备的部署地点，以实现良好的经济性。另外，平台上接头较多，可以应用分布式故障定位和局部放电监测。

（4）浮式设施。浮式设施采用的动态海底电缆，其位置和受力状态时刻发生变化，需要重点关注抗疲劳特性。除了监测温度，应变，振动以外，动态海底电缆需要监测位置/线型以及线缆张力。这需要动态缆植入与其他海底电缆不同的光纤或者感测单元，包括余长差异较大的光纤单元（甚至紧包光纤），以及多根光纤光栅阵列。当偏离动态缆中性轴不同距离的感测单元弯曲时，能测量到不同的应变。

（5）其他。除了上述常见海底电缆的在线监测，其他海底电缆如 ROV 缆，脐带缆等特种海底电缆，包括不具备内置光纤结构的海底电缆的监测都可以参考上述各种技术进行监测。分布式光纤监测技术可以赋予这些特种海底电缆智能感知的功能如泄漏监测、疲劳监测等。充油海底电缆可以通过外部绑扎一根海底光缆，通过振动监测来达到防外破的监测目的。对于海底观测网的超长距离海底电缆，需要考虑小型化低功耗的监测设备，部署于海下终端/中继盒内，是对监测的一大挑战。

7.3.3 典型案例

1. 江苏如东 H6 号、H10 号海上风电场海底电缆综合监控系统

该工程海上换流站采用无人值班方式运行，由陆上换流站实行海上风电场的实时远程监控。工程从海上换流站至登陆点敷设长约99km的2根单芯±400kV直流海底光电复合缆；从登陆点至陆上换流站敷设长约9km的2根单芯±400kV直流陆缆；从海上换流站至H6、H10海上升压站各敷设长约3km的2根三芯交流海底光电复合缆；从海上换流站至H8海上升压站敷设长约12km的2根三芯220kV交流海底光电复合缆。

系统对 2 根直流单芯陆缆进行温度监测，对项目的海底电缆进行温度、振动、埋深、备纤监测，并对海底电缆通道区域的海面船舶进行监测。海底电缆监测系统架构如图 7－24 所示。

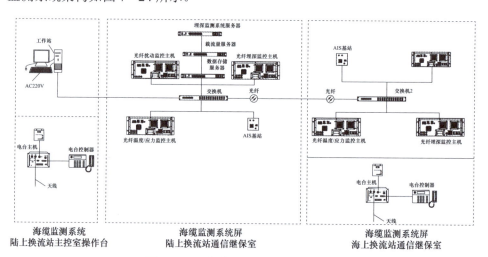

图 7－24 海底电缆监测系统架构图

该工程海底电缆距离较长，因此在海底光电复合缆的温度监测子系统中，采用两台基于 BOTDA 原理的分布式光纤温度应变监测主机对海底光电复合缆进行实时监测，其中一台部署于陆上换流站，用于监测 2 根单芯±400kV 直流海底光电复合缆靠近陆上换流站的海底电缆段；另外一台部署于海上换流站，用于监测 2 根单芯±400kV 直流海底光电复合缆靠近海上换流站的海底电缆段，同时监测 H6、H10 海上升压站到换流站的 220kV 海底电缆。每根海底电缆占用 2 芯光纤用于监测。

海底电缆振动监测子系统采用两台基于Φ－OTDR原理的分布式光纤振动监测主机，设备部署及监测对象与温度监测系统相同。另外，项目配置海底电缆埋深监测主机与备纤监测主机对海底电缆埋深状态及备用纤芯状态监测。

除了上述海底电缆本体监测手段外，项目还配置了船舶自动识别系统，通过在陆上换流站及海上换流站分别部署 AIS 基站来识别海底电缆通道区域船舶信息，并联动 VHF 系统进行喊话。

2. 浙江省舟山联网工程 500kV 海底电缆在线监测系统

该工程为镇海－舟山 500kV 海底电缆线路在线监测系统项目，对三根 500kV 光电复合缆的温度、应力、振动及 AIS 船舶等参数进行监测，并集成一套海底电缆综合在线监测系统，海底电缆监测系统软件平台及设备安装如图 7－25 所示。

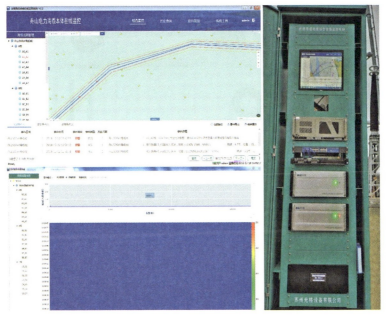

图 7－25　海底电缆监测系统软件平台及设备安装图

海底电缆位于舟山群岛西部,路由从宁波镇海东部海堤入海,向东北方向到舟山大鹏岛登陆,呈西南至东北走向,每条线路长度约 18km。是中国电力建设史上规模最大、技术难度最高的跨海联网输变电工程之一,创造了建设世界最高输电高塔、敷设世界首条 500kV 交联聚乙烯海底电缆等 14 项世界纪录。

3. 渤中–垦利油田群岸电项目海底电缆监测系统

渤中–垦利油田群岸电项目是中国海上岸电应用工程中油田覆盖面最广、工程量最大、用电负荷最多的一期项目。陆地变电站通过引入国家电网 220kV 高压电,输送到海上变电站转化为海上生产平台所使用的 35kV 交流电,为维护平台生产、生活提供动能。渤中–垦利油田群岸电项目的建成投用,将极大丰富渤海油田岸电电网,通过海底电缆在线监测系统对海底电缆的安全运行保驾护航,对提升海上供电稳定性具有重要意义。

该项目在陆地开关站、BZ19–6EPP、BZ34–1EPP、BZ35–2EPP 四个平台各设置 1 台温度监测主机、1 台振动监测主机及配套网络设备,监测系统软件界面如图 7–26 所示。平台间通过海底电缆内置光纤进行组网,使网络联通,进行数据交换。每回海底电缆内预留 2 芯光纤用于通信。

图 7–26 监测系统软件界面图

▶ 7.4 在线监测技术展望 ◀

分布式光纤传感技术以飞快的速度在发展,体现在基于新型原理的技术不断涌现，传感距离、精度、空间分辨率等核心指标一直在提升。比如目前海底电缆在线监测主流技术采用 OTDR 原理，而基于类似 OFDR 的频率调制解调技术正在实现工程化应用，后者在性能指标上更为优越，但技术复杂度和成本更高。在海底电缆结构中植入光纤，赋予了海底电缆感知神经，不仅可以用来监测本体，也可以用来感知环境。随着高性能 DAS 的出现，不仅可以实现监测过往船只的声纹图谱，能感知到地震的发生并定位（典型的地震波传播振动热力如图 7-27 所示），识别和精确定位海底电缆本体接地故障点，还可以运用主动声源声发射激励 DAS 振动感知的技术进行海底电缆路由的快速定位，甚至通过光纤进行局部放电监测和定位也成为可能。随着 AUV 和海上无人机等传感器搭载海上智能运动平台技术以及星载平台技术的进一步发展，海底电缆及通道的在线监测可以实现空海地一体智能化。

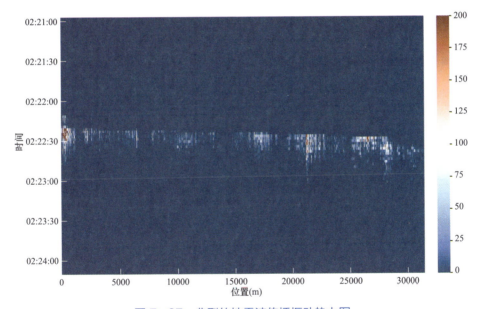

图 7-27　典型的地震波传播振动热力图

随着人工智能技术的蓬勃发展，大模型等技术将被应用于处理海底电缆在线监测产生的海量数据，帮助分析海底电缆状态的变化趋势，预测潜在的故障风险，提前采取措施进行维护。基于大模型的数据分析和建模，可以为海底电缆监测系统的优化决策提供支持，包括优化监测方案、改进维护策略等，提高监测系统的效率和可靠性。

参 考 文 献

［1］ 王亚东，伍林伟，高彬，等. 砂质海床条件下海底电缆埋深研究［J］. 南方能源建设，2020，7（3）：81－88.

［2］ 武硕，程志，刘巍巍，等. 基于 ALE 法的海底电缆土壤覆盖物清理技术［J］. 中国海洋平台，2024，39（1）：85－90.

［3］ 梁鹏，戴国华，苑健康，等. 复杂地质条件下船舶落锚贯入深度影响分析［J］. 浙江海洋大学学报（自然科学版），2021，40（4）：356－362.

［4］ 张传隆. 拖锚载荷对南堡油田海底管道产生的风险分析［J］. 石油工程建设，2023，49（2）：16－19.

［5］ 张正祥，曾二贤，吴海洋，等. 海底电缆抛石堤坝洋流稳定性的试验研究［J］. 电力勘测设计，2015（1）：49－53，80.

［6］ 王裕霜. 500kV 海底电缆浅滩铸铁套管保护实践与思考［J］. 南方电网技术，2011，5（2）：92－94.

［7］ 张聪. 海上风电海缆弯曲保护装置设计技术研究［D］. 大连理工大学，2018.

［8］ 谢宗伯. 海洋柔性管缆弯曲限制器设计与制造技术研究［D］. 大连理工大学，2017.

［9］ DeRuntz J A. End Effect Bending Stresses in Cables［J］. Journal of Applied Mechanics，1969，36（4）：750－756.

［10］ 陈金龙. 海洋柔性立管线型基本设计方法研究［D］. 辽宁：大连理工大学，2018.

［11］ 马超等，基于红外热成像的电缆终端漏油缺陷检测机理分析. 南方电网技术，2021，15（5）：58－63.

［12］ 李军，光纤光栅测温系统在电力电缆温度在线监测中的应用. 华东电力，2005，33（12）：61－63.